ÉTUDE SUR LE MÉCANISME

DES

MOUVEMENTS INTRA-OCULAIRES

ET

THÉORIE DE L'ACCOMMODATION

A. PARENT, imprimeur de la Faculté de Médecine, rue Mr-le-Prince, 31.

ÉTUDE

DES MOUVEMENTS

INTRA-OCULAIRES

ET

THÉORIE DE L'ACCOMMODATION

PAR

Le Dr Alfred PLICQUE

MÉDECIN CONSULTANT AUX EAUX DE LA BOURBOULE,

ANCIEN INTERNE A L'HÔTEL-DIEU DE CLERMONT-FERRAND,

EX-PROSECTEUR D'ANATOMIE A L'ÉCOLE DE MÉDECINE DE LA MÊME VILLE,

ANCIEN ÉLÈVE DES HÔPITAUX DE PARIS.

PARIS

J.-B. BAILLIÈRE ET FILS

LIBRAIRES DE L'ACADÉMIE IMPÉRIALE DE MÉDECINE

19, rue Hautefeuille, près le boulev. St-Germain.

LONDRES	MADRID
HIPP. BAILLIÈRE	C. BAILLY-BAILLIÈRE

LEIPZIG, E. JUNG-TREUTTEL

1868

ÉTUDE

SUR LE MÉCANISME

DES MOUVEMENTS

INTRA-OCULAIRES

ET

THÉORIE DE L'ACCOMMODATION

PRÉLIMINAIRES

Le sujet qui nous occupe, demanderait des volumes pour être traité dans tous ses détails. Aussi nous pardonnera-t-on d'avoir négligé nombre de faits connus de tous, et qui ont acquis dans la science leur droit de cité.

Comme nous allons le montrer, il nous restera encore une ample moisson de théories à discuter et de choses nouvelles à recueillir. Nous souhaitons vivement d'appeler la discussion sur bien des points obscurs de l'anatomie et de la physiologie de l'œil.

Il se passe au dedans du globe de l'œil, sans aucune déformation extérieure, deux sortes de mouvements distincts : ceux de l'iris, et ceux de l'appareil accommodateur. Il est indispensable, pour obéir à une saine méthode, de faire précéder l'étude physiologique de l'organe vivant par celle de ses dispositions anatomiques et de sa structure.

Nous allons donc examiner tour à tour, dans quatre chapitres différents :

1° L'anatomie de l'iris ;

2° Le mécanisme de ses mouvements ;

3° L'anatomie de l'appareil accommodateur ;

4° Enfin les diverses théories de l'accommodation, et son mécanisme physiologique.

CHAPITRE PREMIER.

ANATOMIE DE L'IRIS.

Nous n'avons nullement l'intention de transcrire ici les descriptions détaillées des traités d'anatomie descriptive. Mais d'une part, la connaissance exacte de la structure de l'iris est indispensable à l'intelligence de ce qui va suivre. D'un autre côté, cette structure n'est pas tellement approfondie, tellement classique, que nous ne puissions mentionner des faits tout nouveaux, et soulever des discussions intéressantes touchant leur réalité.

Quand nous avons commencé cette étude, nous ignorions absolument avec quelles difficultés nous allions nous trouver aux prises ; mais, en constatant dans les ouvrages de beaucoup de savants qui passent pour compétents, des contradictions inouïes, des erreurs matérielles reproduites sans discussion d'après leurs devanciers, nous nous sommes bien vite aperçu une fois de plus qu'il ne faut pas dormir sur la foi des traités classiques.

Situé à la partie antérieure du globe de l'œil, entre la cornée et le cristallin, l'iris présente un diamètre moyen de 13 millimètres environ, celui de la pupille étant de 3 à 4, dans un état de moyenne dilatation.

Par sa grande circonférence, il est en contact, à l'union de la cornée et de la sclérotique, avec le muscle ciliaire qu'il continue en partie, comme nous le verrons. Il adhère, faiblement d'ailleurs, à la cornée par le ligament pectiné ou de Hueck, sorte de repli de la membrane de Descemet. Il comprend dans sa texture, comme la plupart des organes complexes, un *stroma* propre, dans lequel se rencontrent des *fibres musculaires*, des vaisseaux, des nerfs. A propos de la vascularisation, nous aurons à insister sur le canal dit de Schlemm ou de Fontana, dont la nature réelle est encore discutée aujourd'hui.

§ 1. — *Stroma et fibres musculaires de l'iris.*

D'après M. Sappey, la charpente de l'iris serait formée de deux plans de fibres, les unes circulaires, les autres radiées, et ces fibres seraient de nature musculaire. Cet anatomiste ne se préoccupe pas de savoir s'il existe là du tissu cellulaire ou connectif entremêlé. Il constate ces deux ordres de fibres, et par le seul raisonnement, sans vérification anatomique, conclut à l'existence de deux muscles.

Les travaux de Kœlliker, Robin, Müller, etc., permettent de considérer la question, sous ce rapport, comme à peu près résolue. Il y a dans l'iris et partout, du reste, comme Virchow l'a démontré pour le cerveau en particulier, un réseau ou stroma de tissu connectif, parfaitement appréciable. Ce sont d'abord des cellules anastomosées, nombreuses, semblables à celles de la choroïde,

souvent pleines de pigment; puis une substance inter-
cellulaire nettement fibrillaire en faisceaux ondulés et
délicats (tissu lamineux de M. Robin). La disposition de
ces tractus connectifs n'est pas complétement irrégulière
et indéterminée. On voit prédominer surtout des traînées
circulaires, d'autres radiées.

Existe-t-il des fibres élastiques? On en rencontre, d'a-
près Kœlliker, mais en petit nombre, surtout à la grande
circonférence, où elles paraissent être la terminaison du
ligament pectiné.

C'est au milieu de ces éléments que se trouvent dissé-
minées assez régulièrement les fibres musculaires.

Dès longtemps, et en raison de la vivacité des mouvements pupillaires, les anatomistes, principalement
Ruysch et Winslow, avaient considéré l'iris comme es-
sentiellement musculaire. Ils avaient admis, pour ainsi
dire d'emblée, l'existence des deux ordres de fibres, les
unes radiées pour la dilatation, les autres circulaires
pour le resserrement. C'est ainsi du moins que les choses
se trouvent décrites dans les traités classiques du dernier
siècle. Du reste, cette interprétation, admise par la ma-
jorité des auteurs, ne fut cependant pas acceptée de
tous; et jusqu'à ces dernières années, quelques-uns ne
voulurent voir dans les soi-disant fibres musculaires,
que du tissu élastique ou cellulaire.

L'histologie, la physiologie et l'anatomie comparées
sont d'accord aujourd'hui pour reconnaître l'existence
des muscles de l'iris.

Le plus indiscutable, c'est le sphincter, ou muscle orbiculaire. Il constitue, d'après Kœlliker, un anneau musculaire de 5 dixièmes de millimètre de largeur, entourant immédiatement la pupille, et plus prononcé à la face postérieure qu'à la face antérieure de l'iris. Cependant Kœlliker a reconnu l'existence de fibres analogues en avant. Et même, il résulte des recherches plus modernes que ces fibres existent dans toute l'étendue de l'iris ; mais ailleurs elles sont plus difficiles à voir, à cause de l'abondance des vaisseaux. Quelques-unes se continueraient même insensiblement avec le muscle ciliaire, comme cela a lieu très-nettement chez les oiseaux à vol puissant. Quoi qu'il en soit, elles sont surtout prononcées à la petite circonférence de l'iris, et peuvent être considérées comme un véritable sphincter de la pupille.

Ce sont des fibres musculaires lisses, pareilles à celles des organes de la vie végétative, composées d'éléments ayant de $0^{mm},5$ à $0^{mm},7$ de longueur, avec un noyau à peu près arrondi. On a voulu voir dans ce dernier fait un caractère différentiel, le noyau des fibres lisses étant généralement allongé. Mais l'argument n'est pas sérieux. Toutes les fibres-cellules ne sont pas absolument identiques entre elles ; et pour exemple, les éléments contractiles de l'utérus sont infiniment plus allongés que ceux des artères. Ce qui n'empêche pas que les unes et les autres ne doivent être réunies par l'ensemble de leurs propriétés et de leurs caractères. Et il n'y a nul prétexte à créer comme le voudrait M. Sappey, un troisième ordre de fibres musculaires, intermédiaire aux fibres lisses et aux muscles striés et qui serait constitué par les fibres de l'iris.

Le muscle dilatateur n'est pas à beaucoup près aussi facile à constater que le muscle sphincter. Son existence n'est cependant pas douteuse chez l'homme, et la difficulté de l'observation tient justement à la même cause qui cache les fibres musculaires moyennes de l'iris. L'abondance des vaisseaux, le pigment, puis aussi la disposition des fibres dilatatrices, sont autant d'obstacles. Il s'agit en effet de faisceaux radiés, disséminés, et même clairsemés au milieu du tissu connectif et vasculaire, remontant du bord pupillaire jusqu'au ligament pectiné suivant les uns, jusqu'au bord ciliaire de l'iris seulement, d'après Kœlliker. Sa structure est la même que celle du sphincter.

Ce dernier muscle, avons-nous dit, est reconnu et admis par tout le monde. Son importance considérable est encore mise en relief par ce fait que chez les oiseaux, dont la vue doit s'accommoder à des distances si rapidement variables, ce muscle est strié comme le tenseur de la choroïde. La même particularité anatomique s'observe chez les amphibies à écailles (1).

Quant au dilatateur, constant chez les mammifères, il ferait défaut chez les oiseaux d'après Wittisch. Ce fait

(1) Wittisch, cité par Leydig, Histologie comparée. p. 271.

est d'autant plus intéressant à signaler, que l'on a voulu, récemment encore, nier l'existence de ce muscle chez l'homme. C'est affaire de fait et d'observation : les fibres radiées existent. Mais il paraît certain que leur rôle est infiniment moins important et actif que celui des fibres circulaires. Rappelons enfin l'existence, sur la moitié externe de la face antérieure, de la membrane de Descemet, et à la face postérieure, des cellules pigmentaire de l'uvée.

§ II. — Vaisseaux et nerfs.

On connaît la richesse et l'importance de la vascularisation de l'iris, que certains auteurs ont voulu considérer comme un organe érectile des plus clairement constitués. De sorte que les mouvements de la pupille ont pu être expliqués par la turgescence ou la déplétion du système musculaire irien. Sans commencer ici une discussion qui trouvera plus loin sa place, nous rappellerons seulement que le volume de l'iris sur un œil extrait de l'orbite, bien que diminué, est encore trop considérable pour donner l'idée d'un véritable corps caverneux en état de vacuité.

Les artères de l'iris sont du nombre de celles qu'on désigne sous le nom de *ciliaires*. Les *ciliaires courtes postérieures* vont à la choroïde et ne dépassent pas en avant le corps ciliaire. Les *ciliaires courtes antérieures* qui, venues des musculaires, perforent en avant la sclérotique, se distribuent dans le corps ciliaire et de là dans l'iris. Les *ciliaires longues*, au nombre de deux, qui abandonnent les ciliaires courtes postérieures en arrière, cheminent dans la choroïde jusqu'au muscle ciliaire, où elles s'anastomosent avec les ciliaires courtes antérieures, pour former le grand cercle artériel de l'iris. Elles se distribuent surtout à cette membrane.

Quant aux *veines*, malgré la variété des descriptions et la prétention des auteurs à spécialiser chacun la sienne, tout se réduit à ceci : elles ont à peu de choses près la même distribution que les artères. Elles se rendent surtout dans les *vasa vorticosa* de la choroïde, ce qui correspond à peu près aux ciliaires courtes, et dans les veines ciliaires longues correspondantes aux artères du même nom. Quant à ce qui est du canal de Schlemm, nous en parlerons plus loin. Disons seulement, qu'au niveau du grand cercle artériel, c'est-à-dire au bord extérieur de l'iris, il peut se rencontrer un grand cercle ou plexus veineux analogue, mais complétement distinct d'ailleurs, du canal en question.

Les *nerfs* de l'iris sont de la plus haute importance, pour le sujet qui nous occupe en particulier. Voici les données que nous fournit l'anatomie. Les traités classiques sont à cet égard d'un laconisme exagéré, abandonnant probablement la solution du problème à la physiologie. Bien qu'il appartienne surtout à l'expérimentation de nous renseigner à cet égard, nous croyons cependant utile de préciser les données de l'anatomie descriptive. Les nerfs ciliaires se rencontrent à l'état de plexus à branches parallèles, prédominantes dans la choroïde, le muscle ciliaire et l'iris. Ils cheminent à côté des vaisseaux sanguins et arrivent, en s'anastomosant de plus en plus, jusqu'au bord pupillaire où ils se terminent probablement, dit Kœlliker, par des extrémités libres. Ils se détachent au nombre de douze à quinze du ganglion ophthalmique. Il y a en outre deux ou trois branches parties directement du nerf nasal.

Or, le ganglion ophthalmique est constitué ou plutôt renforcé par les trois racines bien connues que fournissent le nerf nasal, le moteur oculaire commun, le grand sympathique. Cette dernière provient du plexus caverneux.

Ajoutons que, dans ce même ganglion, et jusque sur le parcours des distributions ciliaires, on constate l'existence (Müller et Schweigger) de nombreuses cellules propres permettant de soupçonner en ce point la naissance de fibres nerveuses nouvelles. En outre, il est certain que la branche ophthalmique de Willis reçoit à la partie moyenne du sinus caverneux deux filets anastomotiques du grand sympathique. Nous aurons à tenir compte de ces circonstances, dans l'interprétation de faits expérimentaux qui se sont produits dans ces derniers temps.

§ III. — *Canal de Fontana.*

La preuve que l'anatomie descriptive de l'œil est en-

core bien mal assise nous est fournie par l'étude de ce
canal. Aussi, nous permettra-t-on d'y insister quelque
peu, d'autant que des travaux tout récents, en lui accor-
dant un rôle dans le mécanisme de l'accommodation,
lui donnent un intérêt nouveau et une importance plus
considérable. Un travail très-récent, qui a été inséré
dans les *Archives d'ophthalmologie* de de Graefe et Donders, nous fournira surtout d'utiles renseignements (1).

La première description exacte de ce canal est due
à Félix Fontana, et se trouve consignée dans une lettre
adressée au professeur Marreï, à Upsala. Les recherches
portent sur l'œil du bœuf. Fontana mentionnait l'existence du canal dont les parois sont lisses et dont la
cavité renfermait, dit-il, une sérosité transparente. Marreï, en exposant cette découverte à la Société scienti-
fique d'Upsala (2), mit en doute l'existence de ce canal
chez l'homme, et jusqu'en 1828 on n'en trouve aucune
autre description. Cette année-là, Weber indiqua d'une
façon précise la situation du canal dans l'œil humain et
fut le premier à supposer un sinus veineux, parce qu'il
l'avait injecté deux fois, sans savoir du reste par quelle
ouverture (3). L'autre le décrivit en France en 1829 (4).

(1) Ueber den sogenannten Kanal von Fontana oder Schlemm
(den Raum zwischen Cornea-, Sclera- und Ciliar-Muskel), von
Dr Pelechin aus Saint-Petersburg (Archiv f. Ophthalmologie,
1867, p. 425).
(2) Nova Acta R. Societ. scient. Upsalæ, 1780.
(3) Journal der Chirurgie und Augenheilkunde, v. Graefe,
1828, Bd. II, p. 396.
(4) Manuel d'anatomie, 1829.

Dans l'intervalle qui s'étend de 1778 à 1828, Kieser (1) et Treviranus (2) avaient indiqué ce canal chez plusieurs animaux. Le premier le vit chez le bœuf, le cheval et l'oiseau, et ne le trouva pas chez le lapin, le rat, etc. Tous ces auteurs le signalent du reste sous le nom de *Canal de Fontana*.

En 1830, Schlemm (3) ayant trouvé ce canal plein de sang chez un pendu, s'en attribue la découverte, sous prétexte que Fontana ne le décrit que chez les animaux et qu'il n'est pas situé chez l'homme exactement à la même place. Tout au moins aurait-il dû, quant à ce qui concerne l'homme, rappeler la description si complète de Lauthe et de Weber.

D'après Arnold (4), qui s'élève très-énergiquement et avec raison contre la prétention de Schlemm à la priorité, la découverte de ce canal, bien antérieure à Fontana, remonterait à Hovius (5). Il aurait même été mentionné aussi par Ruysch (6), puis par Zinn, Haller, etc. Il propose pour cette raison de lui donner le nom de *canal d'Hovius*, sous lequel on le désigne quelquefois.

Ici se décèle tout entière la confusion dont se trouve

---

(1) De Anamorph. ocul., 1828, p. 68.

(2) Beitræge zur Anatomie und Physiologie der Sinneswerkzeuge der Menschen und Thiere; Bremen, 1828.

(3) Rust's Handbuch der Chirurgie, III, p. 335; 1830.

(4) Ueber den Bau des menschlichen Auges, p. 11.

(5) De Circulari humorum motu in oc., tab. V, b. 1; 1716.

(6) Thesaurus anat., 1705.

enveloppée l'histoire de ce canal. Nul doute, en effet, qu'il n'existe au bord du muscle ciliaire, d'une façon plus ou moins irrégulière et inconstante, un lacis veineux ou cercle veineux, analogue au grand cercle artériel de l'iris. Nul doute que ce grand cercle lui-même n'ait été pris par ces auteurs, surtout Hovius et Ruysch, comme un cercle ou canal veineux. Celui-ci existe, il est vrai ; mais, hâtons-nous de le dire, n'a rien de commun que le voisinage avec le canal de Fontana. Ajoutons qu'un auteur de cette période, Hueck, décrivit à l'endroit en question jusqu'à trois canaux, antérieur, moyen, postérieur, sans compter le sinus veineux !

Après Schlemm, le canal est mentionné par presque tous les auteurs, Franzel, Ammon (1), etc. Brucke (2) le considère décidément comme un sinus veineux, ainsi que Husche (3), et en donne la première description micrographique. C'est aussi l'opinion de M. Sappey. Ce dernier auteur va même jusqu'à indiquer, comme tapissant les parois du canal, la tunique interne des veines (4).

En 1856, M. Rouget (5), dans un travail sur lequel nous aurons à revenir, parle d'un plexus véritable, et non plus d'un simple sinus, idée qui est reprise et

(1) Zeitschrift, 1831.
(2) Anatomische Beschreibung des Menschlichen Augassfels ; Berlin, 1847.
(3) Encyclopédie anatom., Splanchnolog. par Husche, 1845.
(4) Traité d'anatomie descriptive, t. IV, p. 669.
(5) Comptes-rendus de l'Acad. des sciences. 1856, 2e v.

développée par Leber (1), dans un important travail sur les vaisseaux du globe oculaire.

Nous arrivons ainsi à l'époque actuelle et au remarquable travail du D' Pelechin. S'occupant d'abord de la disposition anatomique et de la situation exacte de ce conduit, cet auteur, après des recherches multipliées autant que consciencieuses, arrive aux conclusions suivantes (2), que nous reproduisons; car elles nous paraissent fixer rigoureusement l'état actuel de la science à cet égard.

1° Le canal de Fontana est un espace creusé chez l'*homme*, le chien, le lapin, au niveau de l'attache du muscle ciliaire au point de jonction de la sclérotique et de la cornée. Il est constitué en grande partie surtout chez l'homme et le lapin par des fibres élastiques dépendant de la sclérotique.

2° Chez le *bœuf* et le *cheval*, il est situé dans l'épaisseur même du muscle ciliaire. L'iris présente ici une couche musculaire épaisse, et un grand nombre de vaisseaux montrant leur coupes béantes (nul doute que ce ne soient ces vaisseaux qui forment les tractus, et par leur déchirure, les orifices visibles chez les animaux, à l'intérieur du canal).

3° Chez les oiseaux, le canal est très-développé. Le muscle ciliaire est surtout épais chez ceux qui volent à

(1) Graefe's Archiv, 1865.
(2) Loc. cit., p. 432.

une grande hauteur, beaucoup moins prononcé chez les espèces domestiques.

4° Chez les *poissons*, le canal est très-petit, formé surtout par la cornée et l'iris. Le muscle ciliaire est très-peu considérable.

Faisons remarquer de suite ce fait si important de l'anatomie comparée, venant à l'appui de la théorie de l'accommodation. Nous voulons parler de la puissance du muscle ciliaire chez les animaux qui ont un pouvoir accommodateur très-étendu et du développement de leur canal de Fontana. Chez les animaux à vue courte de même que chez les poissons, ces organes sont à l'état rudimentaire. Ces particularités sont surtout intéressantes, si, comme nous le croyons avec M. Pelechin, ce canal joue un rôle dans le mécanisme de sa contraction irienne. Toutefois Helmohltz, qui le dernier a traité la question et l'a fait comme le savant le plus compétent de son époque, en est encore à supposer que ce canal contient du sang.

Nous ajouterons que ce canal, étant le point de l'iris le plus lâche, doit se prêter au décollement opératoire ou traumatique du diaphragme irien.

Étant connue la situation exacte du canal de Schlemm, restaient à déterminer ses usages. Et d'abord, est-ce un réservoir sanguin? M. Pelechin fit, pour s'en assurer, des injections nombreuses au carmin, au bleu de Prusse, etc., par les artères, les veines, le cœur. Même dans les cas de réplétion complète des vaisseaux de la tête et de l'orbite, poussée çà et là jusqu'à la dilatation forcée, jamais il ne trouva rien dans le canal, dont les parois n'étaient même pas colorées par la matière de l'injec tion. Souvent, il se rencontra, en arrière du canal, cercle plus ou moins régulièrement injecté, mais toujours distinct et séparé.

Donc le canal de Fontana n'est pas un réservoir sanguin. M. Pelechin se demanda si ce n'était pas un conduit lymphatique. Examinant au microscope, après des injections au nitrate d'argent selon la méthode de Recklinghausen, il reconnut que les parois du canal étaient constituées par des replis circulaires de tissu connectif surtout, et sans épithélium. Il lui fut impossible d'y reconnaître l'embouchure d'aucun canalicule lympathique ou sanguin.

Il ne restait plus qu'à chercher les usages du canal de Fontana dans ses rapports avec les parties voisines. Si l'on se rappelle sa situation, l'adhérence intime du muscle ciliaire dont les lambeaux y restent suspendus dans les tentatives d'arrachement, on sera conduit à considérer surtout le canal de Fontana :

1° Comme servant dans sa partie postéro-interne de point d'appui au muscle de l'accommodation.

Il a encore un autre usage. Nous verrons plus loin que son grand diamètre ne peut s'allonger ; mais il n'en est pas de même de son petit diamètre. Or, le constricteur de la pupille le dilate évidemment dans ce sens. Si on le suppose vide de sérosité, on peut admettre que, sans qu'il se forme de vide à l'intérieur, son grand axe soit ramené dans le sens de traction de l'iris.

Henke a entrevu ce mécanisme (1), quoique l'anatomie du canal lui échappât.

(1) Henke, Der Mechanismus der Accommodation für Næhe und Ferne, in Archiv für Ophthalm., VII, 2, p. 150-156.

CHAPITRE II.

DES MOUVEMENTS DE L'IRIS ET DE L'ACTION DES DIVERS
AGENTS QUI PEUVENT LES DÉTERMINER.

§ I. — *Physiologie.*

Le diaphragme musculo-membraneux qui limite en
arrière la chambre antérieure, sert à régler la quantité
de lumière qui entre dans l'œil. En outre, il corrige
l'aberration de sphéricité, de la même manière qu'un
diaphragme dans un télescope.

Il n'est pas étonnant que les phénomènes de la dila
tation et de la contraction de la pupille aient de tout
temps attiré l'attention des observateurs. Mais leur ex-
plication n'étant pas encore aujourd'hui absolument
définitive, on comprendra sans peine le grand nombre
d'hypothèses et de théories qui se sont succédé et subs-
tituées tour à tour.

Afin de mettre le plus d'ordre possible dans le court
aperçu qui va suivre, nous rapporterons à trois chefs
les opinions qui se sont produites. Les uns ont prétendu
que les mouvements de l'iris dépendaient des vaisseaux;
les autres, du tissu cellulaire ou élastique. D'autres enfin,
et avec raison, les rapportent à la contractilité musculaire. Du reste, il est singulier que chacune de ces trois

théories ait encore, à l'heure qu'il est, des défenseurs plus ou moins convaincus.

1° *Du rôle attribué aux vaisseaux dans les mouvements de l'iris.* — C'est Fabrice d'Aquapendente (1) qui le premier fit dépendre ces mouvements d'une congestion sanguine, d'une sorte d'érection ou de turgescence. On voit que l'idée de M. Rouget n'est pas nouvelle. Le nombre considérable des vaisseaux de l'iris, la richesse de son réseau artériel et veineux, devaient naturellement suggérer une pareille interprétation. Elle fut admise, et développée ensuite par Méry (2), Haller, Sœmmering, Authenrieth, Assalini, Hebemtreit, Hildebrand, etc. Les prédécesseurs sont nombreux.

Plus récemment, Grimelli, en injectant des cadavres d'enfants, reconnut que la réplétion des vaisseaux de l'iris amenait un rétrécissement de la pupille de plus de la moitié de son diamètre.

Enfin, il était réservé à M. Rouget de faire revivre une théorie qui paraissait depuis longtemps déjà condamnée par la physiologie et l'expérience, autant que par l'anatomie. Nous savons bien que l'opinion de cet auteur est plutôt mixte, et que la turgescence vasculaire ne joue un rôle que grâce à l'intermédiaire des fibres musculaires. Mais comme enfin ces dernières n'ont qu'une

(1) Opera omn. De Oculo, III, h, p. 230.
(2) Mém. de l'Acad. des sciences, 1704-1710.

importance relative d'après lui, c'est ici le lieu d'indiquer son opinion.

Lorsque M. Rouget découvrit, dans les ligaments larges, les fibres musculaires qui contribuent puissamment à l'éréthisme de l'appareil génital interne à l'époque menstruelle, il dut avoir, presque en même temps, ou peut-être avant, une idée analogue du mécanisme de la contraction irienne.

« Lorsque, dit-il, les fibres obliques (radiées) de l'iris et du muscle ciliaire se contractent, elles diminuent l'étendue absolue de la membrane, dont elles vident plus ou moins les vaisseaux.

« Quand cette contraction a cessé, l'afflux brusque du sang dans les vaisseaux agit comme la détente d'un ressort, distend la membrane, et vient ainsi en aide au *faible* (sic) sphincter de l'orifice» (1).

Mais d'abord, et à prendre la théorie d'une façon générale, on est porté à se demander comment la lumière agit pour produire cette distension vasculaire qui amène à son tour la myosie. On ne peut évidemment se contenter de l'opinion de Portal (2). D'après cet auteur, la lumière arrivant sur la rétine, chasse le sang de cette membrane, et le fait passer dans l'iris! Faudrait-il admettre plutôt, comme paraît le supposer M. de Pontevès (3), qu'il s'agit là de simples contractions et dilata-

(1) Comptes-rendus de l'Acad. des sciences, 1856, 2ᵉ v., p. 44.
(2) Cours d'anat. médic.; Paris, 1804.
(3) Des Nerfs vaso-moteurs. Thèse de Paris. 1864.

tions vasculaires, par le nerf vaso-moteur, la lumière agissant directement ou par action réflexe sur le grand sympathique? Mais alors, l'impression lumineuse ayant pour résultat immédiat la contraction pupillaire, la paralysie du grand sympathique qui détermine le relâchement des vaisseaux serait aussi instantanée; ce qui est contradictoire.

La théorie des nerfs vaso-moteurs était trop séduisante pour ne pas tenter des esprits ingénieux avides de synthèse. Mais qu'on y prenne garde! Si on se hâte trop de la généraliser sans prudence, on provoquera contre elle une réaction outrée et par conséquent injuste, qui ne fera que retarder l'avénement de la vérité.

D'ailleurs, en ce qui concerne spécialement la théorie de M. Rouget, il n'y a qu'un malheur. Waller, dans des expériences fort interessantes, où il étudie la circulation dans l'œil vivant (chez le surmulot), en faisant à volonté affluer ou disparaître le sang dans l'iris, n'observe aucun mouvement de la pupille, et surtout aucun resserrement (1). Que par une injection forcée sur le cadavre, on arrive à distendre le champ irien et à rétrécir la pupille, en vérité, cela n'a rien de concluant. On n'a pas mesuré la tension du liquide injecté. Il n'est pas démontré qu'elle n'était pas supérieure à la tension artérielle maximum. Donc le phénomène est problablement différent de ce qui se passe chez le vi-

(1) Physiologie, I, p. 645.

vant, où les résistances de tissu sont plus énergiques, en même temps que la tension sanguine n'est pas à beaucoup après aussi considérable.

- Enfin, dans la théorie de M. Rouget, on se demande à quoi sert le *faible* sphincter qui est au contraire bien plus puissant que les fibres radiées, et qui forme une sorte de bourrelet à la circonférence pupillaire.

L'importance de cette théorie qui a pendant trop longtemps tenu rang dans la science, nous force à énumérer encore d'autres auguments.

Les artères de l'iris sont contournées il est vrai en spirale ; ce qui semblerait de prime abord une propriété dépendante de leur extension forcée par l'afflux du sang. Mais cet état spiroïde n'est pas caractéristique des tissus érectiles. Il s'observe seulement dans les organes assujettis à changer brusquement de volume, en même temps que la circulation doit y conserver son activité (1).

Du reste, Th. Leber a démontré, par ses belles injections, que les artères et non les veines traversent le muscle ciliaire. La contraction de ce muscle simultanée du sphincter irien s'accompagnerait donc de la vacuité des capillaires et par suite de mydriase. — Or c'est le contraire qui a lieu.

Donc, ce n'est pas l'état de vacuité ou de plénitude du

(1) Legros, Des Tissus érectiles et de leur physiologie. Thèse de Paris, 1866.

système vasculaire de l'iris qui détermine la mydriase ou la myosie.

2° *De l'élasticité, comme cause des mouvements de l'iris.* Nous n'aurions pas discuté si longuement l'opinion ci-dessus, n'était la valeur du savant professeur qui la soutient encore, et le rôle important qu'il fait jouer à l'érectilité des procès ciliaires, dans sa théorie de l'accommodation. De même, l'opinion qui attribuait à l'élasticité les mouvements de l'iris, a été ressuscitée et remise à neuf dans des travaux tout récents, qui méritent au moins un examen approfondi.

Ce sont principalement au commencement de ce siècle Burdach (1) et Arnold, qui supposaient une soi-disant contractilité du tissu cellulaire de l'iris pour expliquer les mouvements de la pupille. E. Weber admet également, sans preuves à l'appui, l'existence de fibres contractiles celluleuses à direction indéterminée. Della Torre (2) prétendit même que les nerfs dilataient directement la pupille ! Cette opinion, encore soutenue par Kraused, Schwann, etc., n'eut cependant pas autant d'adhérents que les deux autres. Mais ce n'est pas sans étonnement qu'on la voit reprise par des auteurs récents. Hâtons-nous de le dire, d'ailleurs, la théorie que nous allons exposer pour la réfuter, participe également de la précédente et de la suivante. Les vaisseaux et le

(1) Handbuch der Anat., **IV**, 81.
(2) Observ. microsc.

tissu musculaire y jouent un rôle. Mais elle se rattache directement à l'opinion que nous examinons en ce moment, en ce qu'elle revient sur la propriété contractile qu'elle prétend déterminée par l'innervation dans d'autres tissus que le tissu musculaire.

Le Dʳ Gruenhagen (1) dans plusieurs mémoires publiés surtout dans le *Zeitschrift fur rationel. medic.*, arrive à formuler relativement aux mouvements de la pupille, les propositions suivantes.

« Le rétrécissement de la pupille se produit dans trois conditions :

1° Par irritation du nerf moteur oculaire commun, et contraction du sphincter de l'iris ;

2° Par irritation du nerf trijumeau, d'où diminution de l'élasticité du tissu irien avec augmentation concomitante de la pression intra-oculaire ;

3° Par paralysie du grand sympathique et relâchement des muscles des vaisseaux.

La *dilatation* provient :

1° De la paralysie du nerf moteur oculaire commun ;

2° De la paralysie du trijumeau ;

3° De l'irritation du grand sympathique ; — d'où contraction des vaisseaux de l'iris.

On remarque tout d'abord l'absence complète du dilatateur de l'iris ; des fibres radiées il n'en est pas ques-

_____

(1) Ueber das Verhalten der Sphincter pupilla der Sæugethiere gegen Atropin. Ueber das Vorkommen des Dilatator pup. Zeitschrift f. rat. med., 1866 et 1867.

tion. Si elles sont inutiles elles n'existent pas, et en effet, M. Gruenhagen nie leur existence. Il ne reste donc pour expliquer les mouvements de la pupille, que le sphincter, assurément insuffisant pour tous les cas, et alors, intervient le grand sympathique. C'est la théorie de Grimelli d'une part, celle de M. de Pontevès et des vasomoteurs de l'autre, qui reparaissent dans tout leur éclat. Si la pupille se dilate par l'irritation du grand sympathique, c'est que les vaisseaux se vident en se contractant. Sans insister davantage sur ce point, nous rappellerons, en passant, un fait sur lequel nous reviendrons plus tard. La dilatation artificielle de la pupille produite sur un œil extrait de l'orbite et par conséquent vide de sang, ne peut absolument s'expliquer que par une contraction musculaire active et non plus par une paralysie.

Voyons maintenant le point capital de la théorie, l'action prétendue du trijumeau sur l'élasticité de la pupille. Rappelons d'abord un fait sur lequel on n'insiste pas assez. C'est que la branche ophthalmique de Willis reçoit près de son origine deux filets anastomotiques du grand sympathique, en outre qu'il contient des cellules nerveuses libres qui peuvent bien être le point de départ de fibres nerveuses nouvelles.

Du reste, le nerf a évidemment son action propre, qui est, comme nous le verrons, et comme on l'admet, exclusivement sensitive et nutritive.

D'après Gruenhagen, le trijumeau agirait sur le tissu élastique de l'iris pour le relâcher. A l'état normal, il n'y aurait qu'une sorte d'effet modérateur, maintenant ce tissu dans un état de moyenne tension. Vienne une paralysie. l'élasticité prédomine, la pupille se dilate en même temps que les vaisseaux se vident. — Une excitation, l'élasticité s'anéantit : contraction de la pupille par dilatation des vaisseaux abandonnés à eux-mêmes.

Voilà qui renverse toutes les notions reçues. Mais la science moderne, la science exacte, n'a pas de ces fins de non recevoir uniquement fondées sur le bouleversement des idées admises et des notions reçues, et avant de repousser une opinion elle l'examine. Or, quant à ce qui concerne la réplétion vasculaire de l'iris, et la constriction de la pupille *par irritation du trijumeau*, Wegner (1), dans des expériences très-bien faites sur la tension vasculaire intra-oculaire, a constaté ce fait :

Que la section du trijumeau amène l'hyperémie considérable de l'iris du même côté ; ce qui est absolument contradictoire avec les faits énoncés pour Gruenhagen. Si l'on ajoute à cela cette résurrection d'une propriété contractile attribuée à un tissu autre que le tissu musculaire, résurrection que rien ne justifie, on rejettera jusqu'à nouvel ordre, comme entachées d'erreur, les expériences et les conclusions de Gruenhagen.

Nous en dirons autant de Rogow (2) (de Wilna), qui n'a fait que répéter le précédent.

(1) Experiment. Beitrage zur lehre vom Glaukom, von D' Wegner. Arch. f. Ophth., 1866.

(2 Ueber die Wirkung der Extract. der Calabarbohne, und der Nicotin, auf die iris. Zeitschrift fur rat. med., 1067.

 3° *La contraction musculaire comme cause des mouve-ments de l'iris*. Nous arrivons enfin, après avoir fait justice des deux autres, à la théorie qui déjà, par exclusion et en fait, rend compte des mouvements de la pupille.

Déjà depuis longtemps, plutôt par induction que par l'observation directe, on avait admis l'existence de fibres musculaires dans l'iris. Ruysch (1) n'hésite pas à les figurer. Boerhaave, Winslow, cités par Haller (2), Monro (3), au siècle dernier, les indiquent expressément, ainsi que Nuck (4), Treviranus (5), Home et Bauer (6).

Nul doute que les planches données par ces auteurs, ne représentent en partie les fibres cellulaires et élastiques de l'iris. Mais dans des temps plus rapprochés de nous, Valentin (7), Krause, Hueck, Krohn (8), démontrent assez exactement les fibres musculaires qui sont ensuite décrites dans les traités classiques en Allemagne, par tous les auteurs, Huschke, Kolliker, etc.

Du reste, et sans entrer dans plus de détails, et après la réfutation que nous venons de faire des deux opinions précédentes, il nous suffit de résumer les faits. L'iris est mis en mouvement par deux muscles à fibres lisses, l'un,

(1) Thesaur. Anat., II, p. 15, tab. t. 6, 5.
(2) Elément. phys., V, 371.
(3) On the Brain, 1794.
(4) De Gangl. ophth.
(5) Vermischte scriften, III, 166.
(6) Philos. Trans., 1822.
(7) Repertorium, 1837, p. 247.
(8) Müller's Archiv. 1837, p. 380.

le sphincter, est animé par le nerf moteur oculaire commun ; l'autre, le dilatateur, par le grand sympathique. Reste à savoir de quelle partie de la moelle proviennent les fibres nerveuses qui président ainsi à l'élargissement de la pupille.

Dès 1712, Pourfour du Petit (1) avait démontré ce fait important : la constriction de l'iris à la suite de la section du grand sympathique au cou. Riffi (2) confirma ce fait laissé comme en suspens, et oublié pendant plus d'un siècle. Il galvanisa le bout inférieur du cordon nerveux préalablement coupé, et produisit la dilatation de la pupille. Enfin, en 1851, par des expériences remarquables, Budge et Waller (3), constatèrent que ces propriétés du grand sympathique prennent naissance dans une région circonscrite de la moelle, étendue à peu près de la première vertèbre cervicale à la sixième dorsale. Ils donnèrent à cette région le nom de *cilio-spinale*. De plus, ils cherchèrent à établir, dans une expérience que nous aurons à invoquer, que toutes les fibres motrices de l'iris, venues du grand sympathique, passent par le ganglion de Gasser. Si en effet, après avoir découvert le trijumeau vers son origine, on le divise dans des points de plus en plus rapprochés de l'œil,

(1) Mémoire dans lequel il est démontré que les nerfs intercostaux fournissent des rameaux qui portent des esprits dans les yeux (Mém. de l'Acad. des sciences).
(2) Arch. univ. de méd., 1845.
(3) Compte-rendu de l'Acad. des sciences, 1851.

l'action du grand sympathique cesse lorsqu'on a dépassé le bord antérieur du ganglion de Gasser. Rappelons en outre l'anastomose indiquée plus haut du grand sympathique avec la branche ophthalmique de Willis, immédiatement en avant du ganglion.

Viennent ensuite les travaux de M. Claude-Bernard (1) et sa grande découverte des vaso-moteurs ; découverte dont des admirateurs enthousiastes ont abusé malheureusement par une généralisation aussi prématurée que peu justifiée. En particulier, pour ce qui concerne l'iris, l'influence du grand sympathique sur sa constriction eu tant que nerf vaso-moteur, est nulle ou insignifiante.

Ajoutons que, dans un travail récent, Salkowski (2) s'occupant de l'origine dés fibres dilatatrices du grand sympathique, est arrivé à cette conclusion : les nerfs vasculaires de l'oreille, et les nerfs dilatateurs de l'iris, naissent chez le lapin au-dessous de l'atlas, probablement de la moelle allongée.

Un dernier point nous reste à fixer : l'action du trijumeau. La chose, au premier abord, paraît très-simple. Il s'agit là d'un nerf sensitif comme on en trouve partout, indispensable pour les actions réflexes, la nutrition, etc. Mais, des expériences contradictoires à son égard nous contraignent d'entrer dans quelques détails.

(1) Compte-rendus de l'Acad. des sciences.
(2) Ueber das Budge's cilio spinal Centrum Zeitschrift fiu rat. med., 1867, p. 167.

Nous laisserons de côté l'opinion étrange et déjà réfutée de Gruenhagen et de Rogow. Nous n'insisterons pas non plus sur les troubles nutritifs bien connus, résultant de la section du trijumeau. Mais ce qui nous intéresse, c'est l'effet produit immédiatement sur la pupille, au moment de la section, effets mentionnés par tous les observateurs. Nous voulons parler de la constriction de l'iris à ce moment. (Bien que M. Longet indique en note, et sans plus de détails, la dilatation comme se produisant chez le chien et le chat.)

D'autre part, un certain nombre d'expérimentateurs, entre autre Hirschmann (1), mentionnent le retrécissement de la pupille par l'excitation de la branche ophthalmique.

Pour comprendre ces faits et les concilier, il faut se rappeler l'expérience décisive et trop négligée de Budge et Waller. Lorsque l'on coupe le trijumeau au niveau du ganglion de Gasser, comme l'ont fait les expérimentateurs, on observe une constriction de la pupille qui tient tout simplement à la section des filets dilatateurs du grand sympathique anastomosés au niveau de ce ganglion. Si, d'autre part, on excite le bout périphérique de la branche de Willis coupée, on a également une constriction, due cette fois à l'action réflexe dont le centre se trouve alors dans le *ganglion ophthalmique*. Et cette action réflexe se transmet d'autant plus

(1) Du Bois Reymond's Archiv., 1363, p. 309.

sûrement sur le moteur oculaire, que le grand sympathique est en partie intercepté par la section de la branche ophthalmique.

On nous pardonnera la longueur de cette discussion,
nécessitée par l'apparition de travaux récents et contradictoires, mal connus en France, et ne tendant rien
moins qu'à compliquer la question. Tout se réduit en
dernière analyse à ces faits très-simples :

Deux nerfs moteurs de l'iris ; un pour le sphincter, un
pour le dilatateur. Un nerf sensitif pour la nutrition et
les mouvements réflexes. Parmi ces derniers, n'oublions
pas de mentionner ceux que suscite l'influence de la lumière sur la rétine, le nerf optique, et même, comme
l'admet Helmholtz, sur l'iris lui-même.

§ II. — *De l'influence exercée par divers agents sur les
mouvements de la pupille.*

Nous voulons seulement, dans ce paragraphe, donner
un aperçu ou un résumé des faits les plus importants
mis en lumière par des expériences toutes récentes ; faits
exposés pour la plupart et élucidés dans le cours de thérapeutique de notre savant maître et président de thèse,
M. le professeur G. Sée. On verra, d'ailleurs, que la dis-
cusion précédente était absolument indispensable à une
exposition claire et intelligible.

De l'électricité. — Nous serons bref sur ce point. Cet
agent si important dans l'étude de toutes les parties du

système nerveux et musculaire, a servi à démontrer d'une façon irrécusable l'existence des fibres musculaires de l'iris , et en particulier des fibres radiées niées dans ces derniers temps.

Si, sur un œil arraché fraîchement de l'orbite, on applique deux électrodes vers les deux extrémités d'un des grands diamètres de la cornée, au niveau des insertions iriennes, on peut voir, comme , l'a fait Bernstein (1), une dilatation ellipsoïde, due évidemment à l'action des fibres radiées. Les deux extrémités du grand diamètre de l'ellipse correspondent exactement aux deux électrodes, comme on peut le voir dans le schéma qu'il en donne. L'expérience faite après l'abolition de toute action réflexe et nerveuse, prouve une fois de plus ce fait déjà connu, d'ailleurs, que les fibres musculaires lisses ont une excitabilité propre , absolument comme les fibres striées.

De l'atropine. — Notre tâche est ici singulièrement facilitée, et nous n'avons pour ainsi dire qu'à reprendre les conclusions d'une remarquable thèse du Dr Meuriot (2), soutenue récemment sous la présidence de M. Sée, L'atropine agit sur l'iris, quel que soit d'ailleurs le mode de pénétration. L'application locale produit le plus rapi-

(1) Zur Iris Bewegung. Zeitsch. f. rat. med., 1867, p. 35.
(2) De la méthode physiologique en thérapeutique et de ses applications à l'étude de la belladone, par le Dr Meuriot. Thèse, 1868.

dement les phénomènes. On sait que l'absorption a lieu directement par la cornée, et que M. le professeur Gosselin (1) a démontré les propriétés mydriatiques de l'humeur aqueuse des yeux atropinisés. On sait que des doses infinitésimales suffisent pour amener la mydriase. Seulement, à la confusion de la doctrine dite homœopathique, la dilatation est juste en raison directement proportionnelle de la dose employée, et une solution au titre de 1/128,000 ne produit qu'un effet insignifiant, ce qui devrait être le contraire, d'après les sectateurs d'Hahnemann.

Quant à la diplopie et à l'amblyopie qui se manifestent, elles sont directement, comme le remarque M. Meuriot, la suite de la dilatation de la pupille. Il n'en est pas de même de la presbytie. Celle-ci résulte de la diminution et même de l'abolition du pouvoir accommodateur. L'atropine paralyse en effet le moteur oculaire commun qui est le nerf de l'accommodation.

Quant au mécanisme de la mydriase belladonée, voici rapidement en quoi il consiste. Il ne s'agit évidemment ni d'une action sur les tubercules quadrijumeaux, comme le croyait M. Flourens (2), ni d'un effet produit sur le centre cilio-spinal, comme le crurent d'abord

(1) Sur le trajet intra-oculaire des liquides absorbés à la surface de l'œil (Gaz. hebd., 1855).
(2) Rech. expér. sur les fonct. du syst. nerv. Paris, 1824.

MM. Cl. Bernard (1) et Schif (2). La belladone agit sur un œil arraché de l'orbite.

Restent donc deux explications : ou l'irritabilité du dilatateur, ou la paralysie du sphincter. Or, Cl. Bernard a démontré qu'après l'action de l'atropine, le sympatique aussi bien que le trijumeau conservent leur excitabilité électrique.

Quelle est maintenant la partie du moteur oculaire paralysée ? Ou bien, s'agit-il d'une action exercée directement sur les fibres musculaires du sphincter? Les expériences de Bernstein ont tranché la question. Cet auteur a vu que, sur un œil atropinisé, l'électrisation du moteur oculaire commun dans le crâne ne produit plus de rétrécissement. De plus, sur un lapin empoisonné par l'atropine, la mort étant survenue, et toute l'action réflexe ayant cessé, il a vu survenir le retrécissement de la pupille par l'application des électrodes sur l'iris.

Ainsi, l'atropine ne paralyse ni les origines du moteur oculaire commun, ni les fibres musculaires, mais seulement les extrémités périphériques du nerf moteur oculaire commun.

Voilà selon nous la conclusion nette et précise à laquelle il faut s'arrêter jusqu'à nouvel ordre. Faut-il maintenant, de ce que la dilatation est plus faible après la section du grand sympathique, en conclure que l'atro-

(1) Leçons sur la physiol. du syst. nerv. Paris, II, 1858.
(2) Sui nervi dell'Iride. Imparziale Giornale Firenze (1857).

pine aurait une légère influence excitante sur le nerf?
Pas le moins du monde. Il nous semble tout simple que
lors de la conservation du grand sympathique, son action
dilatatrice agisse énergiquement pour augmenter la dilatation résultant du relâchement du sphincter. Lors de
la section, ce relâchement existe seul, et voilà pourquoi
la dilatation est alors à celle du cas complique de section
comme 1 est à 3.

Il ne nous paraît donc pas qu'il y ait à parler jusqu'à
nouvel ordre d'une action excitante sur le grand sympathique, et les faits jusqu'ici sont d'accord avec le raisonnement pour exclure la possibilité de cette irritation.

Quant à la perte de l'accommodation elle s'explique
naturellement par la paralysie des extrémités périphériques du nerf moteur oculaire commun.

En thèse générale, il ne nous répugne pas d'admettre
l'action directe et locale des médicaments sur la périphérie des nerfs moteurs. D'autant que M. Vulpian a
mis hors de doute que la fibre nerveuse arrivant en contact avec la fibre musculaire se dépouille de son enveloppe et de sa substance médullaire, et n'est plus consti-
tuée que par le cylindre d'axe.

De la fève de Calabar. — Nous tenons à examiner
immédiatement après l'atropine, une substance qui produit sur l'iris des effets tout aussi remarquables, mais
absolument antagonistes ou inverses.

On sait que le Dr Daniel (1) fut le premier, en 1846, à appeler l'attention sur les propriétés toxiques de la fève de Calabar. La graine de cette légumineuse était employée de temps immémorial par les prêtres de l'endroit comme poison d'épreuve. On attendit jusqu'en 1862, époque où parut le travail de Frazer (2), pour avoir quelques notions exactes sur ce merveilleux médicament. On ne peut donc pas reprocher un enthousiasme irréfléchi à ceux qui savent s'en servir et qui n'ont qu'à s'en louer. Celui de ses effets qui frappa le plus fut le retrécissement considérable de la pupille. Bientôt de nombreux observateurs vinrent confirmer ces premiers résultats et en proclamer d'autres. Ce furent : Argyll Robertson (3), Sœlberg, Bowman, Harley, Nunneley, de Graefe. M Giraldès fit sur un grand nombre d'enfants des expériences thérapeutiques. Chez tous la pupille fut resserrée au point que chez quelques-uns des hernies de l'iris à travers la cornée furent réduites, chez d'autres des adhérences anciennes de cette membrane furent rompues.

M. G. Sée a contribué surtout à vulgariser dans ses cours les notions concernant la fève de Calabar ou son principe actif, l'*Ésérine*. Nous y avons largement puisé pour le court aperçu qui va suivre. Notons, en passant,

(1) Ethnological Society Journal, t. I.
(2) Thomas R. Frazer, ou the physiological action of the calabar bean. Transactions of the royal soc. of Edinburgh, t. XIV.
(3) Edinburgh medical journal, 1863.

quoique cela ne se rapporte pas directement à notre sujet, l'application qu'il vient de faire avec succès de ce
merveilleux médicament au traitement du tétanos spon-
tané. Comme en Angleterre, on vient d'obtenir par ce
moyen la guérison du tétanos traumatique, contre lequel on était absolument désarmé jusqu'à ce jour, les
médecins qui hésiteraient à l'employer aujourd'hui,
dans de pareilles circonstances, n'auraient pas d'ex-
cuse.

Rappelons d'abord l'action générale du médicament.
Il agit sur les nerfs en général, non pas en paralysant,
comme le curare, leur *conductibilité*, mais en anéantis-
sant leur *excitabilité propre*. Quant aux nerfs de la vie
végétative, l'action immédiate et primitive c'est l'*excitation*, et elle se produit avant le phénomène de paralysie des nerfs moteurs de la vie animale.

Appliquée sur l'iris, la solution d'Ésérine, même au
dix-millième, amène dès le début une énergique contraction de la pupille. Chez les nègres soumis à l'é-
preuve, la cécité est presque complète. De plus, la limite distante de la vision est considérablement rapprochée, ce qui complète l'antagonisme avec la belladone.

Quel est le mécanisme de la contraction irienne? S'a-
git-il d'une paralysie du dilatateur ou d'une excitation
du sphincter? Si nous procédions par analogie, le fait
de cette myopie pourrait déjà nous éclairer. En effet,
l'Atropine produit l'hypermétropie en paralysant l'o-
ulo-moteur commun. Nous pourrions en induire déjà

une action inverse de l'ésérine sur ce nerf qui préside
aux mouvements du muscle accommodateur.

Mais le raisonnement ne vaut que par l'expérience.
Or, que l'on mette de l'ésérine dans un œil atropinisé,
l'iris se contracte. Si maintenant on électrise le grand
sympathique, on observera de nouveau la dilatation.
Donc le grand sympathique n'est pas paralysé ; donc
c'est le moteur oculaire commun qui est galvanisé, le
sphincter qui est tétanisé.

C'est du reste la conclusion à laquelle sont arrivés
tous les expérimentateurs, même Gruenhagen et Rogow que nous avons eu à réfuter pour d'autres points
exposés plus haut.

L'action exercée par la fève de Calabar sur l'accommodation est infiniment remarquable, en ce que l'antagonisme parfait avec la belladone confirme les données
expérimentales précédentes.

Voici d'ailleurs, d'après de Graefe et Donders, les effets observés à la suite de l'application de l'ésérine. D'a-
bord l'absorption se fait directement à la surface de
l'œil. L'humeur aqueuse d'un lapin calabarisé a pu produire la myosie chez un autre animal. La contraction
pupillaire commence après dix minutes, atteint son
maximum entre trente et quarante, et disparaît complétement après deux à quatre jours : la pupille est un peu
déformée.

Ainsi la fève de Calabar est, comme le dit M. Sée, un
tétanisant des muscles lisses, soit directement, soit par

excitation des nerfs qui animent ces muscles. Dans l'iris, elle agit principalement sur les fibres orbiculaires du sphincter et aussi sur le nerf moteur oculaire commun qui les anime.

De *quelques autres agents capables d'influencer les mouvements de l'iris.*

Le temps et les faits nous manquent à la fois pour examiner en détail les agents thérapeutiques qui peuvent encore, en dehors des précédents, influencer l'iris (1). Nous ne dirons qu'un mot des plus importants après l'Atropine et le Calabar.

Parmi les agents mydriatiques, nous ne citerons guère que le Datura et la Jusquiame, dont l'action, analogue à celle de la Belladone, peut être expliquée de la même façon. La *Daturine* paraît dilater l'iris plus rapidement que l'Atropine, mais l'action est moins persistante. Ce qui pourrait bien être utilisé.

Disons aussi, en passant, que le plus souvent ce que l'on emploie en France sous le nom d'*Atropine* est un mélange de Daturine et d'Hyoscyamine. Aussi les observateurs feront bien de s'assurer, avant tout, de la provenance de leur médicament.

La Jusquiame, ou mieux l'*Hyoscyamine*, jouit aussi de propriétés analogues.

(1) Voir, pour de plus amples détails, une thèse de Strasbourg : Fée, Action des solanées vireuses sur l'iris, 1858

L'*Aconitine* produit vers la fin une dilatation de la pupille qui tiendrait, d'après M. Achscharumon (1), à une paralysie du moteur oculaire commun, car la section du grand sympathique au cou fait cesser, en partie, la mydriase.

Parmi les myotiques, il faut citer, après l'Ésérine, la Nicotine. « L'application locale de la Nicotine, dit M. Rogow, déjà cité, produit le resserrement de la pupille par irritation du trijumeau, et peut-être par action directe sur les fibres musculaires du sphincter. » C'est aussi la conclusion de M. Gruenhagen. Ces deux observateurs tiennent donc à partager leur bonne ou leur mauvaise fortune. Nous avons vu ce qu'il faut penser du rôle attribué par eux au trijumeau ; et à moins de refaire une physiologie nouvelle pour ce nerf, nous maintenons nos données, qui sont simplement classiques. Dans tous les cas, il est probable que le resserrement a lieu ici par action directe sur le sphincter ou par action réflexe provoquée par le trijumeau. La question est à étudier.

Le *Curare* mérite de nous arrêter un instant. Ce poison agit, comme on sait, sur les extrémités périphériques des nerfs, dont il abolit, non pas l'excitabilité, mais le pouvoir conducteur de l'influx nerveux.

Lorsqu'on prolonge, au moyen de la respiration artificielle, la vie d'un animal curarisé, on observe la

(1) Archiv für Anat. phys. und Win med., 1866, p. 255.

myosie. « Les nerfs moteurs des fibres radiées, dit M. G. Sée, ont alors le temps de se paralyser, et on observe la contraction de l'iris par action prépondérante du sphincter. »

Dans un travail récent, Salkowski, constatant la mydriase au début de la curarisation, attribue cette dilatation à l'action excitante que l'action de l'acide carbonique répandu dans le sang exerce sur les fibres dilatatrices de la pupille.

Ce fait n'est d'ailleurs nullement contradictoire avec ce que nous venons d'affirmer. Il y a là un malentendu, car l'effet indiqué par M. Salkowski est le résultat de l'asphyxie pure et simple, comme il le déclare ; tandis que, pour observer l'effet du curare sur l'iris, il faut, comme le recommande M. Sée, éloigner autant que possible cette période terminale.

CHAPITRE III.

ANATOMIE DE L'APPAREIL ACCOMMODATEUR.

Nous avons réuni dans ce chapitre les notions anatomiques qui sont indispensables pour bien connaître l'accommodation. Nous allons donc passer successivement en revue le corps ciliaire et ses dépendances, le cristallin, le ligament suspenseur, la zone de Zinn, nous réservant de donner à mesure une idée succincte du rôle physiologique de ces différents organes et de ceux qui les avoisinent.

Corps ciliaire. — Le corps ciliaire a la forme d'un mince ruban circulaire moulé extérieurement sur la coque de l'œil, et en dedans sur le corps vitré, avec lesquels il est en rapport immédiat. Mince en arrière, vers l'ora serrata où il prend son origine, il s'épanouit de plus en plus jusqu'à l'insertion de l'iris, où il se termine en avant par une partie libre, les procès ciliaires, qui s'appliquent sur la face postérieure du diaphragme irien. Cette partie libre ressemble au disque d'une fleur radiée. Elle résulte de la réunion des procès ciliaires, replis saillants de la choroïde, placés les uns à côté des autres, au nombre de 60 à 80, logés dans des enfoncements de la partie antérieure du corps vitré et formant des rayons convergents derrière l'iris.

Les nerfs ciliaires ou iriens, au nombre de 12 à 15, tirent leur origine du nerf nasal, et spécialement de la partie antérieure du ganglion ophthalmique. Ils se réunissent en deux faisceaux qui se rendent autour du nerf optique et percent la sclérotique près de l'entrée de ce nerf dans l'œil. Ils cheminent alors en dehors de la choroïde, et vont se perdre dans la partie antérieure du corps ciliaire. Les artères ciliaires sont fournies par l'ophthalmique au-dessus du nerf optique. On distingue les ciliaires courtes, ou postérieures, ou uvéales au nombre de 30 à 40, qui se distribuent aux procès ciliaires. Quant aux ciliaires longues et antérieures, elles se rendent à l'iris, comme nous l'avons déjà dit. Les veines ciliaires, auxquelles M. Rouget a fait jouer un rôle si important, sont à ce point flexueuses, qu'on les a appelées *vasa vorticosa*; elles se rendent dans la veine ophthalmique. Elles forment dans l'épaisseur des procès ciliaires un réseau qui a pu faire considérer ces organes comme érectiles (Rouget).

La face interne du corps ciliaire est revêtue dans toute son étendue d'une mince membrane celluleuse qu'on a appelée l'uvée, qui dérive vers l'*ora serrata* du feuillet interne de la choroïde. Elle contient dans ses mailles une grande abondance de granulations pigmentaires qui font cependant défaut à l'extrémité des procès ciliaires.

Au milieu du stroma du corps ciliaire se trouve l'organe musculaire de l'accommodation, qui mérite une description détaillée.

Muscle ciliaire (1). — Quoique ce soit un muscle unique, il est composé de fibres circulaires enchevêtrées dans la partie la plus rapprochée de son insertion fixe, au milieu des fibres radiées qui sont bien plus nombreuses et plus développées.

On ne doit pas le regarder comme composé de deux muscles différents, puisque 1° il se contracte simultanément dans toutes ses parties; 2° qu'il est innervé par un seul nerf dérivant du moteur oculaire commun ; 3°. que les fibres circulaires ne le sont pas absolument, puisqu'elles deviennent rectilignes et vont confondre leur insertion interne avec les fibres radiées.

Ces fibres circulaires ont été signalées mais incomplétement décrites, en 1836, par l'anglais Clay Wallace. En 1855, Van Recken, et en 1856, MM. Rouget, Müller et Sée les décrivirent avec exactitude.

Quant au muscle radié il a été annoncé par Crampton, mais c'est Brücke qui, dès 1847, lui donna son nom après avoir établi qu'il est tenseur de la choroïde.

Le muscle ciliaire s'insère à la paroi postérieure du canal de Schlemm. De là, il se porte en éventail à la base des procès ciliaires et s'étale latéralement contre la coque

(1) Consultez Marc Sée, De l'Accommodation et du muscle ciliaire. Thèse de Paris, 1856.

de l'œil, de manière que sa partie la plus importante vienne se fixer à la choroïde au niveau de l'ora serrata.

On ne peut plus douter aujourd'hui de la nature musculaire de cet organe. En effet, on y constate au microscope l'existence de fibres cellules allongées à noyau ovale, appliquées en faisceaux et serrées les unes contre les autres de la même façon que dans les autres muscles à fibres lisses. De plus, Young, Cramer, Helmholtz, Wittich ont réussi à le faire contracter chez des animaux récemment tués, en se servant de courants électriques intermittents.

Action du muscle ciliaire. — Dans son extrême simplicité, c'est-à-dire lorsqu'il réunit deux points d'insertion l'un fixe, et l'autre mobile, un faisceau musculaire agit par sa contraction d'une manière telle qu'il est facile de la prévoir à l'avance. Mais il n'en est plus ainsi quand des points d'insertion multiples sont dans des rapports variables de mobilité. Ajoutez à cette première difficulté la ténuité et la délicatesse d'un organe qui échappe à l'observation immédiate, la petitesse des mouvements produits, et on ne sera pas étonné du nombre et de la variété des théories émises à ce sujet par les observateurs.

Brücke qui a découvert le muscle radiaire admet qu'il tend autour du corps vitré la choroïde, ainsi que la rétine et la membrane hyaloïde qui y sont très-adhérentes ; tandis que Donders suppose que la choroïde est le

point d'insertion fixe de ce muscle et qu'il allonge la
partie élastique de la paroi interne du canal de Schlemm,
de manière à porter en arrière l'insertion de l'iris. De
son côté, Helmholtz (1) remarque que ces deux opinions
ne sont point inconciliables, et que les deux actions se
produisent peut-être concurremment. Cependant quand
il décrit les propriétés physiologiques du canal de
Schlemm, il démontre expérimentalement que sa paroi
postérieure est absolument inextensible, d'arrière en
avant, c'est-à-dire dans le sens de traction des fibres
radiées. — Notons, du reste, que si la choroïde est en
arrière, absolument fixée au pourtour du nerf optique
par les très-nombreux vaisseaux qui y pénètrent, il n'en
est plus de même latéralement ; là se trouve la lamina
fusca, véritable séreuse oculaire dont le double feuillet
muni d'épithélium pavimenteux sépare la choroïde de la
sclérotique. On peut affirmer que partout où un pareil
épithélium existe, il se passe des mouvements. Pour être
restreints, ils n'en doivent pas moins exister; ils sont
presque virtuels, et c'est problablement pour cette raison qu'ils ont échappé à la consciencieuse observation
d'Helmholtz. Est-ce à dire que la contraction du muscle
ciliaire doit produire un allongement du globe de l'œil?
Pas le moins du monde. Le sac irio-choroïdien est seul
tendu, et tout l'effort musculaire est indirectement trans-

(1) Optique physiologique, traduct. franç. par Em. Javal et
N.-Th. Klein, 1867, p. 60.

mis aux couches mobiles du cristallin qui sont en contact avec le corps vitré.

Mais Helmholtz va trop loin quand il affirme nettement (p. 118) que la pression intra-oculaire n'augmente
pas dans l'accommodation rapprochée. Forbes l'admet-
tait; mais de Haldat n'ayant pu constater de variations
dans la distance focale de l'appareil réfringent de l'œil
en le comprimant dans l'eau, nia l'augmentation de
pression. Toutefois, il existe une série d'expériences que
nous avons souvent répétées avec mon ami le Dr A. Blatin, et qui prouvent nettement le contraire.

1° Quand on fixe avec un seul œil un objet éloigné,
de manière à le voir nettement, il suffit d'une très-légère
pression sur la partie la plus reculée du globe, pour que
la vision soit troublée. On s'aperçoit alors que l'œil est
adapté à une distance d'autant plus rapprochée que la
pression est plus forte. Pour se mettre à l'abri de toute
cause d'erreur, il faut diriger l'axe visuel en dedans et
presser le globe au niveau du bord orbitaire externe.

2° Sur un œil dont l'iris et le muscle accommodateur
étaient absolument paralysés, nous avons fait une expérience analogue et nous avons pu rapprocher à volonté
le *punctum remotum* qu'atteignait seule la vision distincte.

Il faut conclure de là, qu'entre les deux faits extrê-
mes bien constatés qui caractérisent l'accommodation,
il y en a un troisième qui ne l'est pas moins, c'est-à-dire
l'augmentation de pression dans le corps vitré, et qu'il

est dû à la tension de la choroïde par le muscle ciliaire.

Une preuve encore plus irréfutable tirée de la pathologie, c'est que, si la tension du corps vitré augmente comme dans le glaucome, l'hydropisie du corps vitré, etc., le *punctum remotum* de la vision distincte se rapproche d'une quantité proportionnée à la pression.

Müller et Rouget admettent dans leurs théories de l'accommodation que les procès ciliaires viennent se mettre en contact avec la périphérie de la lentille cristalline, mais par un mécanisme différent. Pour Müller, ce résultat serait dû à l'effort des fibres circulaires qui, agissant à la façon d'un sphincter, diminueraient ainsi le diamètre de la couronne circulaire formée par l'extrémité libre des procès ciliaires. M. Rouget admet que la contraction du muscle ciliaire tout entier n'intervient qu'indirectement en produisant la turgescence des procès ciliaires.

Mais, avant de discuter ces hypothèses, comme l'a fait Helmholtz, il convient de vérifier le fait de la compression du cristallin par les procès ciliaires.

Or rien n'est moins démontré puisque, si on examine un œil privé d'iris en totalité ou en partie, on constate que jamais, même dans l'effort accommodateur le plus intense, les procès ciliaires n'arrivent à toucher le cristallin. Dans tous les cas, même les plus défavorables, ils restent séparés par un intervalle notable.

De toutes les théories proposées jusqu'à ce jour, c'est

celle d'Helmholtz qui est de beaucoup la plus simple et la plus rationnelle, quoiqu'elle nous paraisse encore un peu incomplète, et nous dirons pourquoi. La voici telle qu'il l'expose dans son *Optique physiologique* (p. 150) :

« D'après la supposition de Cramer et de Donders, l'iris et le muscle ciliaire produiraient le changement de forme du cristallin par l'intermédiaire d'une augmentation de pression dans le corps vitré et sur les bords du cristallin, à laquelle le milieu de la face antérieure, situé derrière la pupille, serait seul soustrait. Et il faut convenir, en effet, que l'augmentation de courbure de la face antérieure du cristallin, que Cramer avait observée en premier, pouvait s'expliquer de cette manière.

Quant au changement de forme du cristallin tel qu'il se comporte d'après mes mensurations, il ne peut s'expliquer ainsi sans faire intervenir une autre force. Il est évident que l'augmentation de la pression hydrostatique qui agit sur la partie postérieure et sur les bords du cristallin, ne peut en faire augmenter l'épaisseur ; une pression ainsi dirigée aurait pour effet d'augmenter la courbure antérieure du cristallin, mais d'en aplatir en même temps la face postérieure.

Une hypothèse qui paraît échapper à cette difficulté consiste à admettre que le cristallin dans l'état de repos, qui correspond à la vision des objets éloignés, est tendu par la zonule qui s'insère à son bord. Les plis de la zonule, en partant de leur insertion à la capsule du cristalin, se dirigent en dehors et en arrière, en formant

comme des étuis pour les procès ciliaires, et, à l'extrémité postérieure de ces procès et du muscle ciliaire, ils
finissent par se perdre dans la membrane hyaloïde, la
rétine et la choroïde. Lorsque le muscle ciliaire se contracte, il peut, en faisant avancer l'extrémité postérieure
de la zonule, la rapprocher du cristallin et en diminuer
la tension. La tension de la zonule doit avoir pour effet
d'augmenter le diamètre du cristallin, d'en diminuer
l'épaisseur et de diminuer la courbure de ses faces. Lorsque la traction de la zonule diminue dans l'accommodation pour les objets rapprochés, la largeur du cristallin diminue, son épaisseur augmente, ainsi que la courbure de ses deux faces. Faisons intervenir de plus la
pression de l'iris, et le milieu du plan qui passe par l'é-
paisseur du cristallin se portera en avant. Par suite, la
courbure de la face antérieure augmentera; celle de la
face postérieure diminuera de manière à pouvoir rede-
venir à peu près ce qu'elle était, dans le cristallin dis-
posé pour la vision à distance. »

Nous avons cru devoir reproduire ici la théorie
d'Helmholtz, afin d'être plus à l'aise pour la discuter
quand l'occasion s'en présentera, c'est-à-dire quand
nous exposerons la théorie de l'accommodation que nous
avons élaborée en commun avec notre excellent ami le
Dr A. Blatin.

En attendant, il nous semble impossible que le relâchement de la zonule de Zinn soit produit par la con-

traction du muscle ciliaire et cela pour les raisons suivantes :

1° L'augmentation de pression du corps vitré doit maintenir la zone de Zinn dans le même état de distension qu'avant la contraction du muscle ciliaire.

2° Le ligament suspenseur qui est intimement uni à la zone de Zinn, au moins en dehors du canal de Petit, se trouvera maintenu dans le même état de distension que la zonule de Zinn, parce que la ligne circulaire d'insertion à la base des procès ciliaires ne peut être rapprochée de l'équateur du cristallin pendant la tension de la choroïde.

Nous n'avons encore rien dit de l'action des fibres circulaires du muscle ciliaire; si minime qu'elle soit, elle a, croyons-nous, son importance.

1° Comme la contraction de ces fibres est simultanée de celle du muscle radié, elle augmente la résistance de son point d'appui au canal de Schlemm.

2° Elle augmente la résistance à la pression du corps vitré, de toute la partie antérieure du corps ciliaire, ce qui permet à cette pression de se traduire par le déplacement de la partie mobile du cristallin.

3° Enfin elle diminuerait la tension du ligament suspenseur en rapprochant de la lentille sa ligne d'insertion au corps ciliaire. Mais qu'on ne s'y trompe pas : là n'est pas la vraie cause des changements de forme du cristallin. Il peuvent être, il est vrai, ainsi facilités ; mais, outre que la cause réellement agissante est dans la compression exercée par le corps vitré, les procès ciliaires s'opposent dans une certaine mesure à sa projection en avant. Enfin, l'augmentation de l'axe du cristallin n'est pas proportionnée au relâchement ciliaire qui est inappréciable s'il existe.

Structure du cristallin. — Comme nous l'avons déjà fait remarquer, nous n'entreprenons pas ici une description complète de l'appareil Irien et Accommodateur. Nous nous réservons seulement d'insister sur tel ou tel point qui se rapportera plus directement au mécanisme des mouvements intra-oculaires.

On sait que la densité des couches du cristallin décroît du centre à la périphérie. Ainsi, l'indice de réfraction de ces différentes parties étant de 1,38 pour le centre, de 1,35 pour la partie moyenne, n'est plus que de 1,33 pour la périphérie. Cette couche périphérique a reçu le nom de *Humeur de Morgagni* parce que cet anatomiste n'ayant eu l'occasion de l'examiner que sur le cadavre, l'avait rencontrée constamment liquide. Mais il n'en est pas ainsi sur le vivant.

Immédiatement au-dessous de la capsule cristalline ou cristalloïde qui entoure exactement le cristallin de toute part, se trouve une couche d'aspect gommeux qui n'existe pas dans le centre de la partie postérieure, mais qui s'élargit peu à peu et présente son maximum d'épaisseur sur les côtés et en avant. Cette couche est composée de cellules rendues polyédriques par compress'ion réciproque. Elles sont en contact immédiat avec la couche épithéliale pavimenteuse qui tapisse seulement la face postérieure de la cristalloïde antérieure. Elles sont très-pâles, incolores, sans granulations, larges de 4 à 7 centièmes de millimètre, et bien plus grandes que les cellules épithéliales qui les avoisinent. Plus on approche du centre du cristallin, plus l'amas de granulations qui constitue leur noyau se limite et plus leur contour s'accuse nettement. Là, les granulations isolées qui existaient à la périphérie font défaut. Au niveau du centre, qui est formé de fibres dentelées, les cellules sont encore plus comprimées les unes contre les autres, allongées et étroites. Après la mort, les cellules de la couche gommeuse ou de Morgagni se dissocient en raison de leur délicatesse, et on ne trouve plus à leur place, quand la décomposition cadavérique a eu le temps de se produire, qu'un liquide tenant en suspension des granulations et des gouttes pâles, incolores. C'est le liquide de Morgagni.

La cristalloïde ou enveloppe du cristallin, est une membrane élastique d'une transparence et d'une homogénéité parfaites. Quoique ce soit une membrane continue, on appelle cristalloïde antérieure celle qui revêt la face antérieure du cristallin, et cristalloïde postérieure celle qui est en contact avec la face postérieure de la lentille. La première présente une double particularité qui nous intéresse : d'abord elle est deux fois plus épaisse que la postérieure, ensuite elle contient sur sa

face interne un revêtement épithélial formé d'une ran-
gée unique de cellules pavimenteuses.

Nous avons dit que cette membrane était élastique.
Il ne faut point accorder ici à cette expression la valeur
que lui ont imposée les histologistes. Rien ne serait plus
faux. La preuve qu'elle n'est pas composée de fibres
élastiques, c'est que d'abord on ne peut au microscope
retrouver la trace de leur organisation, et qu'ensuite les
réactifs de ce tissu, tels que la potasse et l'acide acétique,
l'attaquent et la dissolvent. Cependant, si sur un cristallin frais on incise légèrement la capsule on s'aperçoit
que l'incision de linéaire qu'elle était devient elliptique.
Cela indique à coup sûr que la lentille cristalline est com-
primée par son enveloppe. On doit accorder une grande
importance à ce fait auquel Helmholtz fait jouer un rôle
capital dans sa théorie de l'accommodation.

La courbure postérieure du cristallin est sensiblement plus forte qu'en avant. Mais on conçoit que si,
comme nous l'avons montré, la couche gommeuse s'é-
tale en avant et sur les côtés, la courbure postérieure ne
sera susceptible que de très-minces changements. C'est
en effet ce qui a lieu. De même, quand le tiraillement
exercé par le ligament suspenseur sur l'équateur du
cristallin, tendra à diminuer, la lentille, en vertu de
l'élasticité de sa capsule, tendra à s'épaissir d'avant en
arrière, et à se rapprocher le plus possible de la forme
sphérique.

Il faut en outre observer à l'appui de ce fait que le

cristallin du cadavre, et celui qui a été extrait de l'œil
sont plus convexes en avant que celui de l'œil vivant.
Mais cela tient davantage à la diminution de consistance
de la couche gommeuse, à l'état hygrométrique de la
cristalloïde, et à l'absorption d'une certaine quantité
de liquide, qu'à la disparition du frein suspenseur. En
outre la convergence du cristallin continue à s'accroître
longtemps après l'extraction et la suppression du liga-
gament.

Il est très-difficile d'établir les rapports du cristallin,
à en juger d'après les dissidences des auteurs. Et cependant, comment édifier une théorie de l'accommodation, s'ils ne sont pas nettement définis ? L'anatomie de
l'œil et la physiologie de la vision sont là tout entières.
Aussi croyons-nous nécessaire pour le faire avec fruit,
de décrire succinctement les parties avoisinantes.

Lorsqu'on ouvre un œil frais, par la partie antérieure
et qu'on enlève l'iris avec précaution, on aperçoit au milieu de la collerette ciliaire, le cristallin fixé au corps
vitré dans une dépression qui contient toute sa partie
postérieure. Une membrane déliée et pourtant résistante
intimement unie à son équateur se porte au-dessous de
la partie libre des procès ciliaires, et au niveau de leur
partie adhérente, se soude au corps ciliaire en se con-
fondant en arrière avec la zonule de Zinn. L'insertion
au cristallin de ce ligament suspenseur est très-nette.
Il semble que vers son point d'attache il se dédouble en
deux feuillets épaissis qui débordent la cristalloïde en

avant et en arrière, d'un demi-millimètre environ. Dans l'œil du bœuf, cette disposition et si marquée que la transparence de la périphérie cristallienne est légèrement troublée.

Nous avons dit plus haut, que le cristallin était enfoncé dans une cupule verticale creusée dans la partie antérieure du corps vitré. Il en est séparé par la membrane enveloppante de ce corps albuminiforme, c'est-à-dire l'hyaloïde. Cette dernière n'adhère pas à la cristalloïde postérieure et lui est partout juxtaposée sans le moindre pli; mais au delà de la capsule et au moment où elle se redresse, et contourne le bourrelet antérieur du corps vitré, elle forme des plis nombreux qui pénètrent dans les intervalles concordants des procès ciliaires. Ces replis, légèrement épaissis et chargés de pigment, qui comblent les dépressions correspondantes des procès ciliaires, présentent, quand ils sont vus de face, une apparence radiée à laquelle on a donné le nom de zone de Zinn.

On a beaucoup discuté pour savoir si la zone de Zinn était une membrane distincte de l'hyaloïde. M. Robin admet qu'elle n'est qu'une empreinte des procès ciliaires dans la membrane hyaloïde qui a simplement comblé les dépressions avec lesquelles elle était en contact. Cette opinion nous paraît parfaitement en rapport avec nos observations personnelles et celles de la plupart des anatomistes.

Nous avons déjà fait observer que l'adhérence du

ligament suspenseur avec la zone de Zinn ou mieux l'hyaloïde, n'était bien intime qu'à la hauteur environ où les procès ciliaires deviennent libres. Entre ce dernier point et la périphérie du cristallin, il y a donc un espace virtuel, circulaire, formé par l'adossement du ligament suspenseur à la face antérieure de l'hyaloïde épaissie et plissée, c'est-à-dire de la partie la plus interne de la zone de Zinn. C'est cet espace auquel Petit a donné son nom, en le prenant pour un canal.

Il n'y a pas eu d'erreur anatomique plus fatale aux progrès de la science ophthalmologique, que celle de cet anatomiste. La preuve, c'est qu'elle s'est perpétuée jusqu'à nos jours, et qu'elle s'étale encore audacieusement dans les meilleurs traités classiques qui sont entre les mains des élèves.

Petit s'étant avisé d'introduire l'extrémité d'un tube à insufflation à travers le ligament suspenseur, produisit, en injectant de l'air, une couronne circulaire qui avait l'apparence d'un chapelet ou d'un godron, c'est-à-dire d'une série de petites boules en relief, ressemblant à celles qui existent sur certaines pièces d'argenterie. Voilà ce que l'on a appelé le canal godroné, et ce que tous les auteurs se sont crus obligés de décrire minutieusement, en le représentant dilaté de toute façon dans leurs figures schématiques ou réelles.

Mais on ne peut prendre au sérieux un pareil artifice de préparation. Il avait été introduit sous prétexte de rendre plus intelligible l'anatomie de cette partie de l'œil, et il n'a servi, au contraire, qu'à l'obscurcir. Ainsi, si sous prétexte de mieux voir la disposition d'une aponévrose, on la subdivisait par une habile dissection en vingt couches différentes, il serait impossible à celui qui la verrait préparée de la sorte, d'en avoir une idée exacte.

Cependant, la plupart des anatomistes le décrivent minutieusement, et tous ceux qui ont représenté des coupes schématiques ou réelles du globe oculaire, ont figuré sous toutes ses faces un écartement notable entre la zone de Zinn et le ligament suspenseur. Il n'y a cependant entre les deux que quelques brides celluleuses, qui donnent au canal godroné sa forme mamelonnée.

Petit avait conclu à son existence pour une autre raison ; il y avait trouvé des aiguilles de glace dans des coupes pratiquées sur des yeux congelés. Il en avait aussi rencontré parfois entre l'iris et le cristallin, ce qui lui avait aussi fait supposer l'existence de la chambre postérieure.

Nous croyons donc que le canal godroné n'existe pas sur le vivant. Du reste, si on continue à l'insuffler après l'avoir fait apparaître, on peut l'agrandir indéfiniment en dehors, en séparant la zone de Zinn de la face interne des procès ciliaires. Enfin, une insufflation plus exagérée fait passer des bulles d'air derrière le cristallin, on déchire la choroïde, le corps vitré, et on produit artificiellement toutes les cavités et tous les canaux imaginables.

La chambre postérieure n'existe pas davantage, ainsi que nous allons le démontrer.

On a longtemps admis l'existence de cette autre cavité idéale. On supposait que l'iris ne touchait pas le cristallin, et qu'une couronne circulaire considérable, placée entre la face antérieure du cristallin et du ligament suspenseur, la paroi postérieure de l'iris et les procès ciliaires, était remplie d'humeur aqueuse communiquant par la pupille avec la chambre antérieure. C'était ce qu'on nommait par opposition la chambre postérieure. Mais Stellwag de Carion (1850) et Cramer montrèrent que la communication des deux chambres était empêchée par le contact du cristallin avec le bord pupillaire de l'iris. Puis vint Helmholtz qui, en éclairant fortement le cristallin au moyen d'un petit faisceau de lumière intense, montra que si le moindre intervalle existait, l'ombre portée du bourrelet pupillaire apparaîtrait au delà sur le cristallin; or cette ombre n'existait pas.

S'il paraît généralement admis que la partie centrale de l'iris est en contact avec le cristallin, les opinions sont encore partagées sur la question de savoir combien d'espace libre il faut admettre entre le bord antérieur du cristallin, l'iris en avant, l'extrémité des procès ciliaires en dehors, et le ligament suspenseur en arrière. L'intervalle n'est-il qu'une simple fente, comme l'admettent Cramer, Van Recken, Rouget et Henke, ou bien y a-t-il, conformément à l'opinion d'Arlt, un espace annulaire ouvert constituant une chambre postérieure de l'œil ? Dans le cas d'aniridie, observé par de Graefe, on constata l'existence d'un léger intervalle transversal ; de même on voit très-bien chez les personnes qui ont subi l'iridectomie, et qui ont conservé le pouvoir accommodateur, que même dans la vision la plus rapprochée, l'extrémité des procès ciliaires demeure éloignée du cristallin.

Toutefois, il ne faut pas se faire illusion sur l'étendue antéro-postérieure de cet espace qui ne peut être qu'une apparence. L'extrémité libre des procès ciliaires est fortement taillée en biseau aux dépens de son extrémité postéro-interne, et le ligament suspenseur est en contact immédiat avec elle ; enfin l'iris vient achever de le combler en avant par une légère saillie.

Rapports du cristallin. — Tout ce que l'on a appelé la cristalloïde postérieure, jusqu'à l'insertion du ligament suspenseur, c'est-à-dire jusqu'à la grande circonférence de la lentille, repose dans la capsule du corps vitré sur la membrane hyaloïde qui lui est juxtaposée. A l'équateur du cristallin correspond l'insertion du frein suspenseur ; enfin sa face antérieure est en contact avec le diaphragme irien. Ces rapports se déduisent naturellement de l'étude anatomique qui précède.

Rôle de l'iris pendant l'accommodation. — La vision distincte dans l'état du repos de l'œil atteint un point plus ou moins éloigné selon les individus ; on le nomme *punctum remotum*. A mesure que l'accommodation s'effectue par un effort intra-oculaire de plus en plus puissant, on constate, dans certaines conditions d'éclairage, que l'iris se contracte simultanément. En même temps, son bord pupillaire est projeté en avant. Cramer, Donders et bien d'autres l'ont démontré par l'éclairage oblique qui porte l'ombre du bord pupillaire jusqu'au milieu de la face antérieure de la cristalloïde. Mais Helmholtz suppose qu'il comprime la périphérie de la lentille et fait bomber son centre. Cela est faux ; car sans parler de bien d'autres raisons que nous exposerons en réfutant l'opinion que l'iris est l'organe accommodateur, en voici une qui suffit. Des individus qui ont une pupille irrégulière ou bien sur lesquels on a pratiqué l'iridectomie, continuent à accommoder parfaitement et ne sont pas nécessairement astygmatiques. L'individu privé d'iris, et cité par de Graefe, pouvait voir aussi bien qu'avant, mais personne jusqu'ici n'a songé à la réaction de la cornée par l'intermédiaire de l'humeur aqueuse. Cette réaction se répartit uniformément sur la face antérieure du cristallin sans que l'iris vienne l'augmenter.

Quant au resserrement de l'iris qui accompagne les mouvements du muscle ciliaire, il est facile de s'en rendre compte. Le muscle ciliaire tout entier est innervé par le moteur oculaire commun, le sphincter de l'iris l'est aussi, et, comme Helmholtz admet qu'ils ont quelques fibres communes, on peut par là s'expliquer le phénomène.

Nous croyons utile de résumer ici les principaux faits qui ressortent de la discussion anatomique et physiologique à laquelle nous nous sommes livrés.

Conclusions.

1° Le muscle ciliaire a un point d'insertion fixe : la paroi postéro-interne du canal de Schlemm ou de Fontana ; et plusieurs points d'insertion mobiles dont le principal est la lame interne de la choroïde, au niveau de l'*ora serrata*. Une petite partie de ses fibres s'irradie dans le corps ciliaire et s'arrête à la base des procès.

2° Les fibres radiées sont les seules importantes, d'abord par leur nombre, puis parce que les circulaires deviennent rectilignes au voisinage de leur insertion mobile, et dès lors elles ne se distinguent plus des premières.

3° Dans aucun cas physiologique, les procès ciliaires ne sont en contact avec le cristallin.

4° Ce qu'on a appelé la chambre postérieure n'existe pas. L'intervalle qui sépare le cristallin de l'extrémité libre des procès ciliaires est comblé partie par l'iris en avant, partie en arrière par le bourrelet du corps vitré, refoulant au devant de lui son enveloppe hyaloïde et le ligament suspenseur.

5° Le canal de Petit ou canal godroné n'existe pas. Il n'y a là qu'un espace virtuel résultant de l'adossement de deux membranes qu'un artifice de dissection avait seul séparées.

6° Toute la face antérieure du cristallin est en rapport immédiat avec l'iris, et au niveau de la pupille avec l'humeur aqueuse.

7° Le ligament suspenseur n'est pas élastique. Il s'insère à l'équateur de la lentille et un peu en avant, et non, comme l'a figuré Helmholtz, sur sa face postérieure ; de là il se porte à la face interne du corps ciliaire et se fixe à la base des procès libres.

8° La zone de Zinn n'est pas une membrane distincte de l'hyaloïde, mais seulement une apparence due à l'épaississement de cette membrane et aux plis chargés de pigment qui pénètrent dans les saillies et les dépressions correspondantes des procès, et en gardent l'empreinte.

9° Le canal de Schlemm, inextensible dans son grand diamètre, est susceptible d'agrandissement dans le sens transversal. Il favorise donc le resserrement de la pupille en permettant au sphincter irien d'augmenter ainsi le champ de sa contraction.

10° Le canal de Schlemm n'est pas un vaisseau sanguin comme on l'a cru jusqu'à présent. Sa cavité n'est point unique. Il est subdivisé à l'intérieur par des cloisons celluleuses qui lui donnent l'apparence d'une collection de petites bourses séreuses.

11° La couche gommeuse de Morgagni ne s'étend point tout autour du cristallin. Elle fait défaut en arrière au niveau de sa partie centrale. Elle s'épaissit insensiblement en se rapprochant de l'équateur lenticulaire. Là et en avant, elle mesure environ 6 dixièmes de millimètre.

12° La face postérieure de la cristalloïde antérieure est munie d'une couche d'épithélium pavimenteux.

13° La mobilité de la couche gommeuse de Morgagni est assez grande dans l'œil vivant, pour permettre les changements de forme du cristallin.

CHAPITRE IV.

THÉORIE DE L'ACCOMMODATION.

Avant d'entrer dans le sujet il est nécessaire de bien fixer la valeur de certaines expressions appliquées au mode d'action de différents yeux.

La modification qui se produit dans l'état de l'œil pour voir distinctement tantôt des objets éloignés, tantôt des objets rapprochés, s'appelle *accommodation* ou *adaptation* de l'œil aux distances.

Les distances pour lesquelles l'œil jouit du pouvoir accommodateur, varient chez les différents individus, suivant les dimensions des milieux dioptriques, et la puissance du muscle ciliaire.

On nomme *punctum proximum* ou *limite rapprochée*, le point le plus voisin de l'œil où les objets puissent être perçus distinctement, et *punctum remotum* ou *limite distante*, le point le plus éloigné qui jouisse de cette propriété.

Normalement, la limite distante est indéfinie. Mais un petit nombre d'individus jouissent de cet avantage. Donders les nomme emmétropes.

L'état de repos de l'œil répond à la vision des objets éloignés. En effet, Donders fait observer qu'un œil dont l'iris et le muscle ciliaire sont paralysés par l'atropine, est adapté pour le *punctum remotum*. S'il existait dans l'œil un appareil musculaire capable par sa contraction de produire la vision éloigné, il faudrait admettre, ce qui serait très-invraisemblable, que l'atropine, loin de le paralyser, l'exciterait.

Les hypométropes ou myopes sont ceux dont le *punctum remotum* est à une distance définie. Dans ces yeux l'image d'un objet éloigné se forme au devant de la rétine.

Les hypermétropes peuvent réunir dans leur œil non-seulement les rayons parallèles, mais encore ceux qui sont convergents à leur incidence. L'image s'y forme donc au delà de la rétine.

Les vieillards sont presbytes, probablement parce que chez eux la solidité de la couche gommeuse augmente.

Ajoutons à ces renseignements l'énumération des modifications principales que l'œil subit pendant qu'il s'adapte aux distances (1).

1° La pupille se resserre pendant l'accommodation pour les objets rapprochés, et se dilate pour la vision au loin.

2° Dans l'accommodation pour les objets voisins, le bord pupillaire de l'iris, et le milieu de la surface antérieure du cristallin se déplacent un peu en avant.

3° La surface antérieure du cristallin augmente de

(1) Helmholtz, Optique physiologique, p. 142. Traduction de E. Javal et Th. Klein.

convexité dans la vision de près, et s'aplatit quand le regard se porte au loin.

4° La courbure de la surface postérieure du cristallin augmente dans la vision rapprochée, mais bien moins que celle de la surface antérieure.

Ce sera la gloire d'Helmholtz d'avoir démontré et mesuré exactement ces modifications du cristallin. Il observa les images de deux bougies placées à une distance fixe, et se réfléchissant comme on sait sur la cornée et le cristallin. (Expériences de Samson et de Purkinge); puis il observa que pendant l'accommodation, la deuxième et la troisième image diminuaient de grandeur, comme cela se passe dans les miroirs courbes de plus en plus petits. En outre, dans chaque image de même ordre les deux points lumineux se rapprochant d'une quantité qu'il mesura exactement, connaissant d'autre part la distance focale de l'appareil dioptrique, il put calculer à une grande approximation les changements de courbure de chaque face du cristallin.

Helmholtz fit voir aussi que l'axe antéro-postérieur du globe et la courbure de la cornée restaient invariables pendant l'effort d'adaptation. Enfin, grâce à cette merveilleuse démonstration, il resta acquis qu'à ce moment, le centre de la cristalloïde postérieure ne se déplaçait pas.

D'un autre côté, Cramer (1) expérimenta avec des cou -

(1) Het (Accommodatie) vermogen.

rants électriques intermittents appliqués sur la partie antérieure d'un œil de phoque récemment arraché de l'orbite. Il constata que le cristallin devenait plus convergent. Mais ayant enfoncé dans le bord de la cornée une aiguille à cataracte qu'il fit passer derrière l'iris, il s'aperçut qu'après avoir divisé ce diaphragme suivant l'un de ses rayons, le courant électrique ne produisait plus de modification de l'image. Sur des yeux de chien et de lapin, ces expériences ne réussirent pas parce qu'il fut impossible pour d'autres causes d'observer le cristallin. Sur des yeux de pigeon, il constata que l'augmentation de courbure du cristallin persistait aussi longtemps que passaient les courants d'induction, puisqu'elle disparaissait de nouveau. Cette modification cessait après l'incision de l'iris.

Cramer se fonde sur ces expériences pour admettre : 1° que l'organe accommodateur est dans la partie antérieure de l'œil et 2° que c'est l'iris. Nous acceptons la première conclusion comme rigoureusement exacte, mais nous nions la seconde. Voici l'expérience de M. Giraud-Teulon qui détruit absolument toutes les théories de l'accommodation qui font jouer le principal rôle à l'iris.

« La dilatation (1), dit-il, ou la contraction de l'ouverture iridienne, servent si peu à l'ajustement de l'œil en ce qui concerne l'accommodation, que l'on voit, dans

(1) Dictionn. encycl. des sciences méd., art. Accommodation.

des circonstances différentes à la vérité, de très-loin et de très-près avec la même ouverture pupillaire. Ainsi, fixez un objet très-rapproché, mais peu éclairé, pour la vision duquel il nous faut user de toute la lumière disponible, votre pupille est relativement large, dilatée. Après cette épreuve, ouvrez les fenêtres et regardez avec attention au loin, mais par une belle et vive lumière, la pupille devient plus ou moins resserrée.»

Nous n'avons pu nous empêcher de présenter ici cette réfutation, quoiqu'elle eût sa place marquée ailleurs, mais nous pouvons conclure maintenant avec certitude que c'est le muscle ciliaire qui est l'organe actif de l'accommodation. En effet, comme il n'y a dans l'œil que les muscles iriens et ciliaires, et que l'accommodation est produite pour l'un d'eux, il s'ensuit que, si l'iris n'est pas l'organe accommodateur, c'est assurément le muscle ciliaire.

L'expérience de Cramer sur l'œil de phoque a le tort d'être isolée. Puis la chambre antérieure ayant largement été ouverte chez les autres animaux, l'accommodation n'a pu se faire parce que l'humeur aquense cessait d'offrir la résistance voulue à la projection en avant du cristallin.

Enfin, quoi qu'en dise Arlt, l'accommodation n'existe plus chez les opérés de la cataracte.

Maintenant que nous voilà bien fixés sur les faits importants de l'adaptation de l'œil aux distances, nous passerons à la discussion des principales théories qui ont été proposées pour l'expliquer. Bon nombre de savants et de philosophes ont porté la main sur le problème, mais toute notion d'anatomie exacte leur faisant défaut, ils l'ont torturé de la façon la plus pitoyable, et bien entendu sans le résoudre. Ainsi, que pouvaient dire de précis et d'intéressant des métaphysiciens qui s'adjugeaient pour domaine l'univers des idées, en se décernant sans contrôle le droit de discuter *de omni re scibili, et quibusdam aliis?* Notre droit à nous est de les condamner en bloc à l'oubli. Il est cependant utile de se rappeler que Weller, en 1821, voulut expliquer l'accommodation non par un changement quelconque dans la forme de l'œil, mais par un acte psychique ; suivant le plan d'Helmholtz, nous rangerons toutes les théories qui se sont produites, sous différents chefs, essayant de les réduire à néant aussi brièvement que possible. Quant à la bibliographie qu'il nous serait si facile de prendre dans le livre d'Helmholtz et les articles de Giraud-Teulon, nous nous en abstiendrons, préférant renvoyer à ces deux auteurs, ceux qui auraient besoin de plus amples renseignements.

1° *Opinions qui nient la nécessité et l'existence d'un appareil de l'accommodation.*—Magendie avait cru constater en étudiant l'image des objets sur la rétine, que, sans que la forme du cristallin changeât, l'image des objets éloignés ou rapprochés restait tout aussi nette.

De Haldat et Engel soutinrent la même opinion en constatant que dans l'air le cristallin augmente peu à peu de courbure. Mais Hueck et Cramer ayant examiné plus exactement les images qui se produisent au fond de l'œil comme dans une chambre noire, montrèrent que leur netteté variait franchement suivant les distances de l'objet.

Sturm supposait que l'image restait nette dans ce cas, grâce aux aberrations que présentent les surfaces réfringentes de l'œil comparativement aux surfaces de révolution.

Son hypothèse n'était pas viable, les physiciens eux-mêmes se sont chargés de la renverser.

Enfin, De la Hire, Haller, Besio, prétendent qu'il n'y a qu'une seule distance de la vision distincte et que dans certaines limites, les objets sont toujours assez confus pour qu'on ne puisse pas les distinguer. Quant à nous, plutôt que de nous rapprocher de ces suppositions, nous préférons nous rappeler que ces observateurs n'avaient pas de notions exactes sur l'anatomie de l'œil.

En résumé, nous pouvons voir à volonté, tantôt nettement, tantôt d'une manière confuse, un point situé à une distance invariable de l'œil, ce qui prouve qu'il y a des changements de forme dans les milieux réfringents.

2° Hypothèses sur l'action des muscles extrinsèques du

globe oculaire.— Les uns (1), Rohault, Tréviranus, voulaient que l'axe antéro-postérieur de l'œil fût racourci de cette façon pendant la vision rapprochée. Les autres, Boerrhaave, Olbers, Home, Ramsden, croyaient au contrire que l'axe était allongé pendant la vision de près. Ceci est contradictoire. Pour la première opinion on peut dire que si l'œil changeait ainsi de forme, les lois de la perspective seraient détruites ; pour la seconde, qu'il n'existe pas de muscle extérieur capable d'allonger l'œil, leur galvanisation isolée ou simultanée le démontre. Du reste, la courbure de la cornée serait changée, ce qui n'a pas lieu.

Enfin, de Graefe a vu un cas de paralysie complète des muscles extrinsèques de l'œil avec conservation de l'accommodation.

3° *Hypothèses sur l'action de l'iris.* — La théorie d'Helhmoltz que nous avons exposée, ajoute à l'action du muscle ciliaire qui relâche, croit-il, le ligament suspenseur, celle de l'iris qui comprime le cristallin. Nous réfuterons ici le second point ; l'opinion de Cramer et ses expériences ayant été déjà discutées :

1° Si on regarde au travers d'un petit diaphragme invariable, une carte percée par exemple, on peut en-

(1) Nous nous sommes spécialement servi, pour faire cet historique, des remarquables travaux de M. Giraud-Teulon (Dictionn. encyclop., art. Accommodation) et d'Helmholtz (Optique physiologique).

core voir distinctement à des distances différentes.

2° De Graefe cite l'observation d'un individu qui avait été complétement privé d'iris par un traumatisme, et qui accommodait encore parfaitement.

3° On voit tous les jours des individus privés partiellement de l'iris par l'iridectomie, ou ayant un iris déformé, et même immobilisé par la mydriase ou la myosie, et qui jouissent cependant du pouvoir accommodateur.

Si l'iris se creuse vers sa grande circonférence pendant l'accommodation, cela tient à ce que son bord pupillaire est repoussé dans la chambre antérieure. Il déplace une certaine quantité d'humeur aqueuse qui était incompressible, reprend sa place au niveau du point ou la résistance est la plus faible. S'il y avait à ce moment une turgescence de l'iris par l'afflux du sang, aussi marquée que le veut M. Rouget, ce refoulement n'aurait pas lieu, et la cornée changerait de forme.

4° Hypothèses sur le déplacement du cristallin en avant et en arrière. — Elles ont été soutenues surtout par Kepler qui, le premier, s'occupa du problème de l'accommodation en 1611, par Scheïner, Sturm, Jacobson, Brewster, Müller, Clay Wallace, Weber, etc.

En prouvant dans ces derniers temps que le bord libre de l'iris se rapproche de la cornée pendant l'acte accommodateur, on fit revivre ces théories jusqu'à ce que Helmholtz eut démontré par l'étude des variations de grandeur des images catoptriques dans l'œil, que le centre de la face postérieure du cristallin restait immobile ; que son diamètre transversal se retrécissait et enfin que son axe antéro-postérieur pouvait augmenter de 0,4 de millimètre environ.

5° Hypothèse de la turgescence des procès ciliaires par l'action du muscle ciliaire. — On a fait dans ces derniers temps, en France, une auréole de popularité à une théorie mixte empruntée à la fois à Müller et à M. Rouget. D'après cette opinion, la contraction du muscle ciliaire amènerait la turgescence des procès qui relâcheraient le ligament suspenseur, et permettrait à la cristalloïde de revenir sur elle-même par son élasticité, en devenant plus convergente. Mais quoi que l'on fasse pour démontrer ce relâchement, on ne pourra jamais comprendre comment les procès ciliaires qui soustendent le ligament suspenseur à la façon d'un chevalet de violon, deviendrait capables de le relâcher. En effet, s'ils deviennent turgides, nous savons déjà que cela n'a pas lieu pour l'iris, comment se traduira leur augmentation de volume ? Ce n'est pas en avant qu'ils se déplacent, puisque de ce côté l'iris se creuse et devient concave.

Ce n'est pas de dehors en dedans, puisqu'ils restent toujours à peu près sensiblement éloignés du cristallin. S'ils se projetaient en dehors, ils entraîneraient avec eux le ligament suspenseur qui adhère au corps ciliaire, et le distendraient au lieu de le relâcher, comme la théorie l'indique. Enfin, leur augmentation de volume en arrière tendrait le ligament suspenseur d'une façon encore plus exagérée. Mais la question cesse d'être douteuse, si on se rappelle la structure du muscle ciliaire et de ces fibres dites circulaires qui ne peuvent que rapprocher les procès de leur seule insertion fixe.

L'accommodation est du reste très-rapide comme on peut s'en convaincre, et la turgescence ou la déplétion des procès ne saurait se faire dans un aussi court intervalle. Mais la très-grave erreur de M. Rouget aussi bien que de Müller consiste à admettre la compression immédiate du cristallin, par les procès ciliaires.

L'observation du cas d'aniridie cité par de Graefe a renversé ces théories, et tous les jours on peut vérifier le fait sur les sujets auxquels on a excisé l'iris. Il est encore évident que puisque les courants électriques intermittents, convenablement appliqués, peuvent faire mouvoir le cristallin d'un œil arraché de l'orbite (Cramer), *l'érectilité ne joue aucun rôle important dans l'accommodation.*

6° *Hypothèses invraisemblables.* — Nous réunirons sous ce chef quelques théories peu importantes que des données certaines antérieures permettent de repousser *à priori.*

Leuwenhoeck, Pemberton, supposèrent un muscle dans le cristallin ; Grimm, une variation dans le pouvoir réfringent des milieux de l'œil, et Weller enfin, voulut tout expliquer non par un changement de l'œil, mais par un effort de l'esprit.

Maintenant que le champ parait déblayé, essayons de ne pas imiter bon nombre de physiologistes, qui croyant le problème insoluble, se croisent les bras sans oser l'aborder.

Théorie de l'accommodation (1). — Avant d'exposer la manière dont nous comprenons le mécanisme de l'adaptation de l'œil aux distances, il est utile de mettre en lumière certains faits sur lesquels nous désirons nous appuyer.

Déjà, dans le cours de cette étude nous en avons examiné plusieurs, sur lesquels, pour éviter de nous répéter, nous ne reviendrons pas. Mais, comme Helmholtz nie l'augmentation de pression intra-oculaire pendant l'accommodation ; que personne n'a supposé la résistance de l'humeur aqueuse maintenue dans la cornée, à la projection en avant du cristallin ; qu'on n'a pas soupçonné davantage la tendance au déplissement de la fossette hyaloïdienne et le glissement de la choroïde sur la sclérotique ; que la disposition de la couche gommeuse de Morgagni n'a pas attiré non plus l'atten-

---

(1) Nous publierons prochainement sur ce sujet, en collaboration avec le Dr A. Blatin, un travail plus complet, accompagné de nouvelles preuves expérimentales.

tion, nous passerons d'abord en revue ces différents points.

Supposons une vessie en baudruche vide d'air, remplie d'eau, mais non distendue par le liquide. Suspendons-la dans un nouet. Dans toute l'étendue du contact, elle présentera une forme parabolique. Que le linge enveloppant soit ouvert en haut, et la vessie y aura une surface aplatie. Si enfin on dépose au milieu de ce cercle horizontal un corps lourd et lenticulaire qui le déprimera en s'y creusant une fossette, on aura une image exacte du corps vitré enfermé dans la sclérotique et de la dépression qui loge la partie postérieure du cristallin.

Si maintenant, par un procédé quelconque, on augmente la pression intérieure du liquide, tout l'effort qui lui sera communiqué se concentrera vers le bord de la fossette supérieure et tendra à l'effacer. La lentille sera soulevée par un effort suffisant jusqu'à ce qu'elle devienne tangente par son centre au plan sur lequel elle repose. Pendant ce déplacement, l'enveloppe extérieure quoique peu résistante ne changera pas sensiblement de forme. Mais, si l'on fixe le corps lenticulaire de manière à s'opposer à son soulèvement, et que ce corps comme le cristallin contienne à sa circonférence une couche mobile et susceptible de glisser en avant, le bourrelet circulaire de la fossette le repoussera en prenant sa place.

Il ne se passe rien de plus, rien de moins pendant l'accommodation. En effet, la pression du corps vitré aug-

mente ; Cramer, Hencke, Müller, l'admettent, mais Helmholtz le conteste, parce que, dit-il, toute augmentation
de la pression hydrostatique dans l'œil diminuerait la
convexité de la cornée, et qu'une semblable modification
serait facilement observable sur le vivant, si elle se produisait réellement. Eh bien, quoique cette courbure ne
change pas pendant l'accommodation, il ne faut pas nier
pour cela l'augmentation de pression. Les déplacements
intra-oculaires opérés par le jeu du muscle ciliaire sont
tellement minimes, qu'ils restent en quelque sorte à l'é-
tat virtuel. Les affections de l'œil qui s'accompagnent
d'augmentation de pression du corps vitré, déterminent
au début la myopie et devraient produire le contraire
si en thèse générale cette pression n'augmentait pas les
courbures du cristallin.

En outre les expériences que nous avons reproduites
avec le Dr Blatin et qui nous ont permis de déterminer
à volonté une hypométropie passagère, ne peuvent laisser
de doute. En admettant ce fait déjà bien démontré
croyons-nous, il est facile de se rendre compte de l'in-
succès des expériences de Cramer sur des yeux récemment
arrachés de l'orbite où l'accommodation cessa de se produire dès qu'il eut ponctionné la cornée et déchiré l'iris.
La résistance de l'humeur aqueuse à la pression n'exis-
tant plus, le cristallin avait dû être projeté en avant par
la contration du muscle ciliaire, sans que ses courbures
eussent été sensiblement déformées. C'est qu'en effet,
cette résistance, toujours virtuelle, remarquons-le bien,

se manifeste par la dépression circulaire de la périphérie irienne.

Nons pouvons reprendre dès à présent le phénomène de l'accommodation à son point de départ, qui est la contraction du muscle ciliaire, jusqu'à son accomplissement qui est la déformation lenticulaire. Le muscle ciliaire en se contractant prend son point d'appui fixe sur la partie postérieure de la paroi interne du canal de Fontana. D'une part il tend la choroïde en rapprochant l'*ora serrata* de la partie antérieure de l'œil. Ce glissement est aussi minime que les changements de courbure du cristallin. Par ses fibres antérieures et circulaires, le muscle accommodateur fixe la partie libre des procès ciliaires qui deviennent propres à résister à la pression du corps vitré.

L'augmention de pression du corps vitré se traduit par le déplissement du bourrelet qui limite sa cupule antérieure. Ce bourrelet presse sur la périphérie du cristallin et fait passer en avant les cellules molles de Morgagni. Si elles s'avancent jusqu'à la partie centrale de la lentille pour la faire bomber, au lieu de s'accumuler dans la partie moyenne, cela tient à l'élasticité de la cristalloïde.

Tel est croyons-nous le mécanisme essentiel de l'accommodation.

CONCLUSIONS DU CHAPITRE IV.

Outre les conclusions que nous avons présentées sur la question anatomique, à la fin du chapitre III, nous exposerons ici, en terminant, celles qu'on peut déduire de la dernière partie de ce travail :

1° Le muscle ciliaire est le seul organe qui rapproche, par ses contractions, la vision distincte du *punctum proximum*.

2° Il est tenseur de la choroïde par ses fibres radiées, longues et moyennes. Par ses fibres antérieures et circulaires, il fixe et durcit la partie libre des procès ciliaires.

3° Le tiraillement de la choroïde par le muscle ciliaire détermine l'augmentation de tension du corps vitré, qui est solidement maintenu dans le sac irio-choroïdien.

4° Cette augmentation de pression tend à combler la fossette hyaloïdienne ou cupule antérieure du corps vitré qui loge le cristallin. Elle concentre ses effets actifs à la périphérie, qui se déplisse un peu pour permettre au corps vitré de se rapprocher de la forme sphérique.

5° La résistance de l'humeur aqueuse contenue par la

cornée s'oppose à ce que le cristallin soit projeté en masse en avant, pendant l'accommodation.

6° La choroïde fixée en arrière peut et doit glisser latéralement sur la sclérotique, puisqu'il y a entre les deux membranes une véritable séreuse.

7° L'axe antéro-postérieur du globe, la courbure de la cornée, le centre de la cristalloïde postérieure, ne subissent pas de changement de longueur, de rayon ou de position, pendant que la vision passe du *punctum remotum* au *punctum proximum*.

8° Le petit diamètre du cristallin augmente toujours dans l'accommodation. L'accroissement de son axe peut être de $0^{mm},4$ pendant que l'œil emmétrope passede l'état de repos à l'état convergent maximum. Le grand diamètre diminue d'une façon proportionnelle.

9° Les cellules qui constituent la couche gommeuse de Morgagni peuvent se déplacer, et ce phénomène se produit pendant l'accommodation, où les trois conditions suivantes le favorisent : 1° elles sont comprimées de la périphérie au centre; 2° le ligament suspenseur un peu relâché se prête à la déformation lenticulaire; 3° la capsule devenue libre tend, par son élasticité, à faire prendre, autant que possible, à son contenu, une forme qui se rapproche de celle de la sphère.

10° L'iris ne joue qu'un rôle accessoire et insignifiant

pendant l'accommodation. Son bord pupillaire est légèrement projeté en avant par suite du changement de
forme du cristallin.

11° Sa contraction, pendant que l'œil s'accommode,
est sous la dépendance d'une action réflexe. Du reste
elle peut manquer sans que le pouvoir accommodateur
varie d'intensité.